李公麟与《孝经图》

〔美〕班宗华 著

曹可婧 译

江苏凤凰美术出版社

Copyright ® 1993 The Metropolitan Museum of Art, New York. This edition published by arrangement with The Metropolitan Museum of Art, New York

图书在版编目（CIP）数据

李公麟与《孝经图》/（美）班宗华著；曹可婧译. --南京：江苏凤凰美术出版社, 2025.3. -- ISBN 978-7-5741-2655-8

Ⅰ.B823.1-49

中国国家版本馆 CIP 数据核字第 20257HA509 号

| 选题策划 | 毛晓剑 |

责任编辑	刘秋文
责任校对	孟一凡
责任监印	生 嫄
责任设计编辑	郭 渊

书　　名	李公麟与《孝经图》
著　　者	〔美国〕班宗华
译　　者	曹可婧
审 图 号	GS（2022）3871 号
出版发行	江苏凤凰美术出版社（南京市湖南路 1 号　邮编：210009）
制　　版	南京新华丰制版有限公司
印　　刷	苏州市越洋印刷有限公司
开　　本	890 mm × 1240 mm　1/32
印　　张	6.375
版　　次	2025 年 3 月第 1 版
印　　次	2025 年 3 月第 1 次印刷
标准书号	ISBN 978-7-5741-2655-8
定　　价	128.00 元

营销部电话　025-68155675　营销部地址　南京市湖南路 1 号
江苏凤凰美术出版社图书凡印装错误可向承印厂调换

目录

前 言 ·· 001
菲利普·德·蒙特贝罗（Philippe De Montebello）

李公麟与他的绘画艺术 ·················· 001
班宗华

龙眠居士：李公麟传 ······················ 031
韩文彬

中国艺术中的《孝经图》 ·············· 065
班宗华

附录一　《孝经图》的卷后跋文 ·················· 161

班宗华

附录二　《孝经图》的修复与装裱 ·················· 174

桑德拉·卡思提尔、大羽武满彻（Sondra Castile and Takemitsu Oba）

译后记 ·················· 193

前言

活动于11世纪的画家李公麟所绘的《孝经图》，是中国艺术史中重要的里程碑之一。本书结集了耶鲁大学的班宗华教授和哥伦比亚大学的韩文彬教授关于画家李公麟的论文。文章分析了李公麟的艺术，阐明了《孝经图》在中国文化中的重要地位；同时，也为了纪念唐骝千、唐骥千、方闻先生与唐志明女士对大都会艺术博物馆的重要捐赠。唐氏家族的捐赠，极大地丰富了大都会艺术博物馆的中国绘画与书法收藏。除李公麟的《孝经图》外，这批捐赠绘画还包括：14世纪王蒙、夏永与邓宇名下的三幅罕见的元代画作；15世纪明代画家钟礼的一件立轴作品；17世纪绘画大师石涛与髡残的两件精美的册页；17世纪晚期扬州职业画家袁江的一件巨幅长卷作品以及18世纪"扬州八怪"之一的郑燮所作的四扇屏风竹画。

唐氏家族的捐赠体现出这些年来美国对于亚洲艺术不断增长的兴趣。以阿斯特园（Astor Garden）与道格拉斯·狄龙馆（Douglas Dillon Galleries）于1981年6月的开放为标志，大都会艺术博物馆在中国绘画与书法方面一直保持持续投入。本书是在纽约唐氏基金会（Tang Fund of New York）的赞助下完成的。在此，我也对博物馆的以下工作人员表示诚挚的感谢：C.V.斯塔尔公司（C. V. Starr）的文物修复师大羽武满彻先生（Takemitsu Oba）与助理文物修复师桑德拉·卡思提尔（Sondra Castile），他们多年的修复工作使《孝经图》呈现出如今焕然一新的面貌，并且他们为本书撰写了十分有趣且有重要价值的关于《孝经图》修复与装裱情况的介绍文章；大都会艺术博物馆亚洲艺术部研究员何慕文博士（Maxwell K. Hearn），事无巨细地准备本书的出版事宜；以及本书的杰出的英文版编辑艾米丽·沃尔特（Emily Walter）。

菲利普·德·蒙特贝罗
（Philippe De Montebello）
时任大都会艺术博物馆馆长

李公麟与他的绘画艺术

班宗华

今天,似乎我们已经对诸如"李公麟(1041—1106)是宋代最伟大的画家"一类的历史评价体系不那么感兴趣了,但在那些定义了后世历史学家眼中什么是宋代绘画的画家群体中,李公麟仍无疑是一个关键性人物。李公麟站在这样一个历史的节点上,自那时开始,早期的宫廷绘画传统的根基被触动,一种崭新的文人画风格与相关绘画理论兴起,后者将最终主导之后的中国绘画史。在这一时期,中国正从世袭贵族统治的社会转型为由新兴的文官阶层管理的社会。李公麟的人生正是这种变化的呈现,他出生于江南的名门望族南京李氏,是在10世纪建立并统治南唐政权的李氏后人。宋朝建立后,李公麟的家族随之没落,他本人终生任职于下等官僚阶层。

在李公麟时代之前,绘画是一种面向公众的贵族艺术,通常由皇室、士族与寺庙所赞助,传达上述群体的形象、思想、价值观与宣教性的内容。这时的绘画大体上是一种色彩丰富、造型美观并引人注目的艺术形式,在政治、宗教与经济领域美化统治阶层,并仅为统治者的意志而服务。这种形式的贵族艺术并未在宋代终结,而是一直作为中国核心的绘画传统延续至封建统治的结束。但在李公麟及其同侪的手中,绘画拥有了崭新的角色,化身为如同诗词一样的表达方式,可以借之传达艺术家个人的思想与同个体生命相关的意象。

换句话说,艺术在此时拥有了批判、否定、劝诫、间接反抗以及阿谀美化权贵阶层的所有能力。正是在李公麟的时代,绘画才被认为有能力吸引最为聪慧且受过高等教育的人群进入画家群体。如果没有李公麟所发展出的艺术可以通过绘画形式表达出个体生活多样性的潜能,那么如赵孟頫、沈周、文徵明、董其昌、朱耷、石涛等后期绘画大师可能都不会成为画家。

李公麟去世数年之后,当时的皇家绘画收藏著录《宣和画谱》中记载了他名下的19幅作品[1]。还有其他李公麟的画作名目也见于后世的史料记载中,但现今存世的作品仅有3幅。作品数量随时间从数百幅急剧减少至3幅,无疑是艺术界一个巨大的损失。因而有一种观点认为,即便考虑到诸多不同程度地还原了原作面貌的传世摹本可以帮助我们重构一

---

[1] (宋)《宣和画谱》(原序1120年),俞剑华点校,北京:人民美术出版社,1964年,页132—133

些遗失作品的面貌，但仅凭数量如此稀少的传世作品，我们已经很难真正地理解李公麟的艺术。而另一种与之相对的看法则认为，即使有一件真迹的存在也可以推进我们对艺术史的理解。何况现存的3幅李公麟真迹是如此杰出而精美的珍品，不仅是李公麟艺术的具体呈现，也有助我们反思宋代绘画的本质以及其形成的过程。

一个有趣的现象是：虽然李公麟肯定创作过其他形式的绘画作品，但现今存世的3幅画作均为手卷。这可能是因为手卷相对于其他形式更易保存（虽然在宋代手卷和立轴大小相近，但手卷较立轴而言更容易携带或收藏。一般而言，册页与扇面在携带与收藏的便利性上也同手卷一样），更有可能是因为大多数李公麟的作品都是手卷的形式。在李公麟的时代，因为没有办法公开展示手卷作品，所以手卷的形式主要应用于叙事或劝诫性作品，仅为少数有明确目的的观众服务。

李公麟本人可能为手卷的流行做出过巨大的贡献。他名下的3幅传世作品都是为特定的赞助人所观看、阅读、理解。《临韦偃牧放图》是应皇帝或皇室之命而作，因此也符合早期的宫廷绘画传统。《孝经图》是为凤阁舍人杨公而作，《五马图》则是为张耒而作。在此之前，画家仅为私人作画的情况是几乎不会发生的。但李公麟的一些友人，如米芾、王诜、苏轼等人也更多地开始为朋友、同僚与赞助人作画。可见，在这一历史时期，中国绘画产生了一种崭新的赞助关系[①]。

　　李公麟的3幅传世作品的意义非比寻常，画卷的总长已超过了11米。《五马图》由五段独立的绘画组成；《孝经图》可分为十二段；《临韦偃牧放图》则描绘了上千匹骏马与上百名骑手。这样算来，李公麟笔下尚有数百的人物、动物、建筑、器物与诸多不可胜数的形象至今可见。我们可以从中得知李公麟是如何描绘竹子、风景与建筑景观的，也能知道他如何于绢本上设色作画，如何于纸本上用墨色描绘，如何临摹古画，如何经营位置，甚至还能看出李公麟究竟仿效学习了哪些前贤，又是如何师法前人的。即使我们仍对李公麟作品的遗失深感遗憾，但如此大量而丰富的艺术形象在传世的3幅作品中得以保留也依然是值得欣慰的。

　　这3幅存世作品尤为值得注意的原因在于：《临韦偃牧放图》为唐代作品的摹本；《五马图》描绘了一系列人与马的形象；《孝经图》则是社会、哲学与道德理想的想象性再现。三种北宋绘画的基本特点已深植于李公麟的传世作品中，

[①] 关于南宋晚期文人群体及文人画观念的相关研究，参见 Osvald Siren, *Chinese Painting: Leading Masters and Principles, 7 vols.* (New York, 1956—1958), vol. 2, pp. 1-52; and Susan Bush, *The Chinese Literati on Painting: Su Shih (1037—1101) to Tung Ch'i-Ch'ang (1555—1636)*, Harvard-Yeching Institute Studies 27 (Cambridge, Mass., 1971), pp.29-82. 李公麟存世作品的赞助人问题将在后文讨论

分别是：对古代绘画大师的学习与模仿；对生活实景的写生；在绘画中关注道德问题，并诉诸绘画形式。分开来看，上述三点具体地阐明了宋代绘画的本质。作为一个整体，这三点分别聚焦到了我们当今可见的李公麟艺术的多维面貌，也展现了李公麟对宋代艺术的贡献及对前代艺术（这里的前代艺术同样也应归功于如李公麟一样的其他艺术大师）的历史性再造。

根据《临韦偃牧放图》（图1、图2）[①]的题跋，这幅画应该是李公麟应皇室之命临摹自唐代画马大师韦偃的作品[②]。尽管我们不能确定李公麟何时绘制了这幅作品，但其从画面上的一系列印章与手卷的形式可以确定《临韦偃牧放图》是在宋徽宗统治时期（1100—1126）装裱并盖印的。这时的李公麟已退隐官场，但其画作初见声望，宋徽宗在他的宫廷收藏著录《宣和画谱》中将李公麟与山水画家李成视为造诣最高的画家[③]。有趣的是：此二人均为贵族后裔，李成出身于李唐皇族，李公麟则出身于金陵的南唐李氏。

《宣和画谱》中记载了27幅韦偃的作品，其中的几幅可

[①] 图1、图2特指本章节范围内的插图图1、图2
[②] 见《中国历代绘画：故宫博物院藏画集》卷2，北京：人民美术出版社，1981年，页24—43，注释页6—7
[③] 《宣和画谱》，页130—133，页182—183

图1 李公麟 《临韦偃牧放图》局部

能为李公麟创作的原型①。韦偃的作品已遗失，但从佚名艺术家所作的唐代皇家墓葬壁画中仍可以找到与之相近的作品，例如章怀太子（李贤，654—684）墓壁画②。骑马疾行的马球手、猎手，以及大量集群的马匹与驭手是章怀太子墓室壁画的主题，也反映了唐代皇室对于马与马术的热情，这种喜好同样为之后的历朝皇室所继承。所有的早期画马名家——曹霸、韩幹、韦偃都是唐代画家，《临韦偃牧放图》是李公麟对这些早期画马名家之作的唯一摹本③。目前，关于早期失传绘画作品的知识都来自这些摹本，以至于我们开始思考宋代是否在某种程度上重构了一种属于自己的绘画传统。

可以确定的一点是：李公麟对于马的热情实际上早于他对早期鞍马画的学习，他长时间地收藏、学习与临摹早期的鞍马绘画也只是他毕生对于动物题材绘画热忱的部分体现。李公麟爱好画马似乎已经过分到了可能有害的程度，他的僧人朋友甚至警告他就快要投胎为马了。据说，李公麟在晚年放弃画马转攻道释绘画④。如果这是实情的话，那么仅可能发

---

① 同上注，页 225

② Jan Fontein and Wu Tung, *Han and T'ang Murals* (Boston, 1976), pp.90-103

③ Agnes E. Meyer, *Chinese Painting as Reflected in Thought and Art of Li Lung-mien,* 1070—1106 (New York, 1923), pp. 247, 252-253, 256, 262

④ Agnes E. Meyer, *Chinese Painting as Reflected in Thought and Art of Li Lung-mien,* 1070—1106 (New York, 1923), pp.56-57

生在李公麟晚年老病无法再去参观御苑马匹的情况下。据记载，当李公麟卧病在床时，只能用手指在被面上划动，以描绘心中的图景①。

---

① Agnes E. Meyer, *Chinese Painting as Reflected in Thought and Art of Li Lung-mien,* 1070—1106 (New York, 1923), pp.54

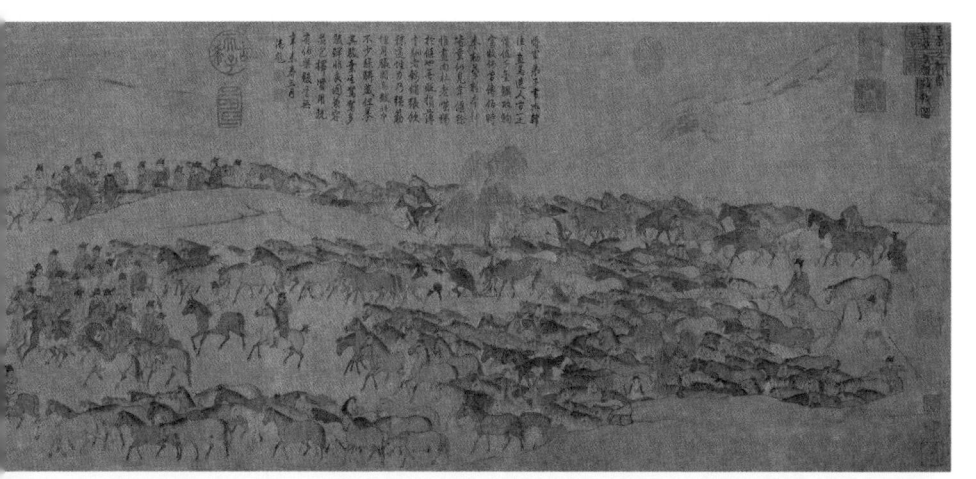

图 2　李公麟　《临韦偃牧放图》　手卷　绢本设色　45.7 厘米 ×428.2 厘米　故宫博物院藏

　　据李公麟的外甥记载，李公麟曾绘《支遁爱马图》。支遁是前朝僧人，曾有人质疑支遁养的马不好，支遁却回答道："贫道重其神骏。"[1] 李公麟选择绘制支遁的故事，可能也正是以相同的方式在表达自己的观点。我们甚至可以猜想，或

---

[1] 同上注，pp.247

许当李公麟卧病在床时，在他一生所作众多题材的画作中，可能还是会选择关于马的图像比划于被面之上。

根据艾格尼丝·梅耶（Agnes Meyer）著作中整理的李公麟作品目录来看，李公麟名下共有36件鞍马作品留载史册。这些作品包括了皇家牧场中的御马、异域贡马、演习的战马、产仔的马、在泥塘中打滚的马、开春时疾驰的马、可资品鉴的良马、历代名马以及早期鞍马名画的摹本。毫无疑问，李公麟毕生都致力于欣赏、学习、摹写良驹，这使他超越了大多数画家，跻身于中国鞍马题材的绘画名家之列。

《临韦偃牧放图》中描绘了旷野中1200余匹骏马与近150名牧者，画中的马匹均为御苑马匹，为官员与皇家马夫所驭。画面细节丰富，取景广阔，足以与另一件同时代的宫廷名作张择端（11、12世纪）的《清明上河图》（见图9）相媲美[1]。《清明上河图》中描绘的北宋都城熙熙攘攘的城市生活与《临韦偃牧放图》中于皇家马场中疾驰的马群都是李公麟所熟悉的场景。已有学者指出，李公麟的作品与唐代诗人杜甫《沙苑行》中的描述有相似之处，《沙苑行》的创作或许也与宋代画家所临摹的韦偃原作有关[2]。《沙苑行》中对皇家马场的描述有讽喻叛将安禄山之意，在李公麟的时代，如《临

---

[1] 见《中国历代绘画》卷2，页60—83，注释页8—12
[2] 张安治；《李公麟》（北京，1979年），页17

韦偃牧放图》中的构图也有可能让人联想到皇室权力与少数民族入侵的危机。

君不见左辅白沙如白水，缭以周墙百余里。
龙媒昔是渥洼生，汗血今称献于此。
苑中骒牝三千匹，丰草青青寒不死。
食之豪健西域无，每岁攻驹冠边鄙。
王有虎臣司苑门，入门天厩皆云屯。
骕骦一骨独当御，春秋二时归至尊。
至尊内外马盈亿，伏枥在坰空大存。
逸群绝足信殊杰，倜傥权奇难具论。
累累坻阜藏奔突，往往坡陀纵超越。
角壮翻同麋鹿游，浮深籋荡鼋鼍窟。
泉出巨鱼长比人，丹砂作尾黄金鳞。
岂知异物同精气，虽未成龙亦有神。

尽管我们可能总是将宋朝视为一个和平的王朝，但事实上叛乱、谋反与起义在宋朝并不少见。从最初的以武立国，直至终结于无往不胜的蒙古政权之手，风雨飘摇的宋王朝始终遭受着来自内部与外部不断的威胁。

李公麟与皇家马场御马官的私交使得他可以经常随意地

得见如画中所描绘的场景，他可能不止一次地徜徉于旷野牧场。李公麟十分热衷于观看国家的军事演习，并且很可能正是在这类活动中遇到了年少有为的王诜。王诜所擅长的隐逸山水足可与李公麟的归隐画相提并论①。李公麟在官场中的立场其实是有些暧昧的，他的家族曾是宋王朝的手下败将，父亲也不为宋朝所重用。李公麟一生尽量避仕，在 20 年间消极为官后，终在年近 50 岁时辞官返乡。无疑，李公麟的画作是充满寓意的，《临韦偃牧放图》以群马为开端，成群的驭者与骑手在后方驱引着马群。画面的前半段描绘的是井然有序的马群，在旷野中自由游荡的上百匹马中只出现了 5 名人物，其中 3 人睡于树下，另两人分别闲散地行于马群之中。随着中心驭马人控制力的减弱，马群开始相对自由地散布于画面上（尾端似乎被裁减，但马群的大致走向是确定的）。当然，如果杜甫诗中的"百里周墙"同宋代的马场大小相当，那么马群也不会是真的自由自在，仅是在不可跨越的围界内存在着相对意义上的不受限制。

李公麟的《临韦偃牧放图》是一幅关于集权的绘画。手持着象征权力的马杆的驭马人在混乱中创造出秩序，使得本

---

① Richard M. Barnhart, "Landscape Painting Around 1085"，收录于 Frederick Mote 纪念文集 *The Power of Culture,* ed. Willard Peterson (Hong Kong: Chinese University Press, 1994)

来顺着溪流随性游牧的马群趋于统一与守序。在那个动荡的年代里，李公麟一直为朝中小吏，亲眼看见了他的朋友们或被囚禁、流放、罢官，或不幸英年早逝。李公麟深知这种集权将产生的结果，也不止一次地描绘过宋王朝这一令人不安的面向，这一点将在后文详述。

在《临韦偃牧放图》中，画面开端的密密匝匝的群马处于驭马人与连绵的山脉的控制下，好似被框入其中。随着对马群控制力的减弱，我们则看到了一个更为广阔的场景，山脉连绵起伏，相比之下，画卷开头的那种会阻碍自然发展的控制便更为明显了。

李公麟充满感情地处理着画面的细节，准确无误地描绘了马的动态，包括它们怎样看、移动、休息、互动。这应与画家经常光顾的皇家马场不无关系，李公麟将他的作品赠送给马童与御马官以获得进入马场的机会。他潜心描摹，直到他的僧人朋友有感于这种热情，提醒他就快要投胎为马了。李公麟爱马，爱马的精神、勇气、力量与个性，他将马视作人。在长时间的学习与反思下，李公麟准确地表现出了马的种类、姿态、动作与运动的状态，他或许也曾漫步于马群之中，就如同《临韦偃牧放图》卷尾的独行之人一样。

换句话说，不论韦偃的原作是什么样子，李公麟向我们展示的是他以自己的思考与高超的技艺，日复一日进行的已成为惯性的学习实践的成果。李公麟以娴熟的技巧与自信，于设计完美的场景中展现了一场马与人的盛大集会，并似乎附带解决了极富挑战性的透视问题：由近至远，体量逐渐缩小。画面中的马栩栩如生，只有当我们观察过每一匹马多样与自由的形态，并且一直看到了画面的终点再回看时，才能发现所有的马匹其实都是同一朝向的。在严格的控制下，它们变得温顺，如同驯服的绵羊一般，千篇一律。手卷的最后，马群玩闹嬉戏，用鼻尖摩擦着彼此，或慵懒地从溪流中饮水，或徘徊于山涧之中。虽然它们始终被远方某处不可见的界限框定着，但实际上已处于一种道家式的自在状态中，驭马人可以随意地于树下酣睡，马群也可以自在地生活，没有控制也不受喧扰。

有理由相信，在这幅作品中李公麟有意向我们传达出了他对生活的独特关照。皇家绘画著录《宣和画谱》中也记载了李公麟的绘画"往往薄著劝戒于其间，与君平卖卜谕人以祸福，使之为善同意"[1]。当然，当权者也会读到这样的信息。

李公麟同时也是一位技艺精湛的肖像画家，他的肖像画可以表现出人物的地域性、阶层、性格与生命独特的个性[2]。换句话说，他特别注重差异性，在时代与地域的传统框架内，

---

[1]《宣和画谱》，页131

[2] Meyer, *Chinese Painting*, pp. 287-288

他尽量将事物描绘成他们本来的样子。李公麟的追随者将他视作当时最伟大的现实主义画家,因为他尊重了人物的个性与社会阶层的差异[1]。

如果说相对于后世的中国绘画作品来说,宋代绘画是趋于写实的,那么值得注意的一点是:在这样一个写实主义的时代里,李公麟是极具代表性的。他的白描杰作《五马图》中充斥着精微的细节,这幅作品相传藏于日本私人藏家之手(一说毁于二战时期)[2]。至少在《五马图》中还有5匹马与5位马夫的形象被保留下来,所以我们不应认为什么都没有被留下来,《五马图》也是李公麟现存唯一的肖像作品。对于一名11世纪的肖像画大师来说,10件肖像作品的存世已经足以称得上是一场肖像画的盛宴了。

李公麟并非发明了白描画法,他只是将早期用墨线勾描轮廓的技法提升到了艺术的高度[3]。白描是一种直接绘于纸或绢面上(一些宋元绘画中可见部分潦草模糊的线条,这是为

---

[1] 《宣和画谱》,页130

[2] 关于李公麟肖像画的相关论述,参见 Meyer, *Chinese Painting*, pp. 288, 293, 316, 325-326, 327(译者注:《五马图》原作于2019年1—2月在东京国立博物馆再度展出,破解了困扰学界多年的《五马图》下落之谜,原作现藏东京国立博物馆)

[3] Richard M. Barnhart, "*Li Kung-lin's Hsiao Ching T'u:* Illustrations of the 'Classic of Filial Piety'" (PhD. diss., Princeton University, 1967), pp, 159-164

之后明确的墨线而作的简略的底稿），不设色，偶用朱砂加强，或以墨色渲染的画法。

11世纪的肖像画作品已少有存世，仅有的可与李公麟画作对比的肖像作品藏于东京高山寺，是一幅禅宗大师画像。《禅宗大师肖像》（图3）设色明艳，人物服装纹饰丰富，画中的禅宗大师以一种严格的规范被描绘（日文称chinzo，中文称"顶相"），他坐在高背椅上，双腿盘起。对禅师面部的描绘精微到脸颊的弧度、鼻孔以及眼皮处细微的特征，表现出了一名身形微胖、体态宽厚的禅师形象，毫无表情的平静面容并不能掩盖他的权势与智慧[1]。李公麟是熟悉这类图像的，因为他本人就是一名虔诚的佛教徒，并且他的友人中也有不少当代禅师。

李公麟《五马图》中的第一个牵马人也是这样一个体态宽厚、眼神平静，且充满智慧与经验的形象。他使用迅疾而纤弱的线条，仅在眼睛处略有加深强调，将面部塑造得栩栩如生。相较于《禅宗大师肖像》中丰富的设色，李公麟笔下人物的衣褶仅以墨色勾勒，线条轻快，全无阴影或纹理表现。他的墨线流畅而富有韵律感，如同水波一般流溢于纸面之上，

---

[1] 关于这幅经典古画近期的出版物见 *Sodai no Kaigo: Tokubetsuten/Song Paingitng from Japanese Collections[s]* (Nara,1989), cat. 59, p.94. 图画上有晚期题款，这幅作品曾被认为是佛教画家张思恭所绘的唐代僧人不空（705—744），但这幅作品实际上为11世纪或12世纪宋代佚名僧人所绘

图3 佚名画家（约11、12世纪）《禅宗大师肖像》 立轴 绢本设色 118.1厘米×59.4厘米 东京高山寺藏

切实地展现出了牵马人身体的体量感以及恭敬的姿态。李公麟的肖像画抛弃了传统的装饰性，将绘画性元素减少至单纯的线条与墨色的浅淡渲染。这是一种类似于从色彩鲜明、装饰丰富的晚期中世纪写实风格向马萨乔式的宁静、富有明暗的纪念碑式风格的转变，是一个具有美术史意义的变化。其背后蕴藏着深层的原因，因为如此巨变并不会仅因审美的发展而单纯地出现。对当时的评论家而言，李公麟的白描画是

一种思想主张，标志着其文人式的审美趣味已凌驾于职业画家之上，这也可被视作一种带有阶层性的主张，即认为士人阶层总是超越于职业画家之上的。专业性（或称"匠气"）是不好的，一些评论观点认为李公麟的白描审美获得了绝对的胜利，这仅仅是因为文人普遍缺乏对技术与专业能力的兴趣，而致力于追求更高级的、更富有智性的、不受制于技术与专业知识的艺术。事实上，李公麟的白描是他一生所践行的对于压迫的反抗。如果皇室所期望的艺术是绢本上呈现出的丰富的色彩与装饰，那么李公麟就只绘制纸本水墨作品。这种画法其实并没有减少技术上的要求，如果非说有什么区别的话，其实白描反而需要更精纯的绘画技巧。因为在白描中，每一笔都将面临失败的风险，且没有丝毫可被掩盖的地方，这一点与书法艺术是相似的。

但李公麟的白描并非书法，而是一种精简至只剩线条本身的艺术形式——甚至线条也失去了色彩，仅化作了一种调性的暗示。李公麟应用这种崭新的画法创作着如《五马图》一类的私人性的作品，所面向的是他的友人与同僚，而非数量广大的观众。诗人与书法家黄庭坚（1045—1105）就是这样的一位友人，黄庭坚在每一匹马后都题写了一段简明的介绍，并在画后题跋，赞扬了李公麟与他们的另一个共同朋友的书法风格。其实，这种相互的应和可能也并非李公麟所期待的。他的绘画更接近一种个人的观察——反映出人与马的本质——而非语言可描述的东西。例如，在画面中第一匹马后，黄庭坚题跋为："右一匹，元祐元年（1086）十二月十六日，左麒麟院收于阗国进到凤头骢，八岁，五尺四寸。"这种描述似乎也显得琐碎且多余了。

从摹本与对早期作品的文献记载来看，贡马图（这是一种流行且常见的题材）过去通常被描绘成类似于公众游行队列一般的形式①。朝贡毕竟是一种公众行为，如同国家其他典仪一样，如果没人看见的话，也就没有效果了。当然典仪的观众可能仅由像李公麟一样的官员组成，但这种场合本身以及相关叙述所面向的观众也需要被一种艺术化的戏剧性打动，为异域的器物与胡人所娱乐。朝贡的队伍毫无疑问应接受好奇的目光，观众可能同时也因为作为中国人——即居于世界中心的人民而受到恭贺。

即便如此，李公麟也并没有在他的画作中展现色彩、戏剧化的仪式或盛会，甚至没有表现任何可以引起自得情绪的事物。他笔下的马匹宛如囚徒，牵马人只是侍者。尽管如此，每一匹马与每一名人物都被赋予了个性化表达，被认真且充

---

① 贡马图曾被归为唐代大师韩幹所画，相关早晚期作品的讨论见 Thomas Lawton, *Chinese Figure Painting* (Washington, D.C., 1973), cat. 47, pp. 186-190

满同情心地观察与描绘，就好像他们是画家的密友或至亲一般。这里其实展现出了一种细微而不易察觉的叛逆，好似打了傲慢与权势一记响亮的耳光。

李公麟如此细致地观察事物，捕捉到了许多一般人不会注意的东西：每一个牵马人与他们所牵的马匹的相似性、他们的位置与姿势如何彼此呼应，以及来自两个世界的人与动物是如何被一截短短的马缰和长期的相互信任所连接在一起的[①]。

只有在属于肖像画的伟大的时代，肖像本身才是衡量艺术家成就的重要标准。或许只有乔治·斯塔布斯（George Stubbs）和郎世宁才会欣赏李公麟对于每一匹马的个性特征的关注。"凤头骢"（图 4-1）是一匹头颅硕大，充满力量的骏马。它的眼睛与牵马人的眼睛一样，宽大、平静且无所畏惧。"锦膊骢"（图 4-2）拥有着如同设得兰矮种马一般的年轻而热切的情态，它长长的卷曲的马鬃好似毛垫，也像牵马人所戴的草帽；这名牵马人也拥有着真诚且满怀笑意的面庞。"好头赤"（图 4-3）更为内向，它隐藏于阴影之下的眼睛就像它的牵马人一样，深深内陷；人与马都较为笨拙地站立着。"照夜白"（图 4-4）马如其名，安静沉着如同月亮。最后一匹"满川花"（图 4-5）一身好看的斑点，骄傲而充满活力，是五匹

[①] Siren, *Chinese Painting*, vol. 2, p.43

马中最难驯服的一匹,尽管它的牵马人手中握着马鞭。

《五马图》中最引人注目的技法在于非凡的笔法。之前从没有出现过以如此简率而未经雕琢的笔法于虚空中如此精彩地创造出有形实物的情况。线条精微的转折与轻重创造出了有力的形式,轮廓线也被削弱了。画中的马头均配马缰,牵马人手牵马绳,长袍及靴,精练的墨线如雕塑家一般塑造出立体造型。得益于鉴赏家与批评家几个世纪的循循善诱,以及我们自身对近代素描和绘画的欣赏,我们才能理解到李公麟这种简率笔法的价值。那么李公麟同时代的人又是如何看清我们花费了如此长时间才可以欣赏的东西呢?如此高要求的艺术又是如何快速得到公众的高度认可的呢?

对此,我们仅能提出一些猜想,极有可能的情况是:李公麟的艺术之所以能如此迅速地收获如此多的关注,是因为他是一个由文人、诗人、艺术家所组成的小群体的挚友,并首先为这一群体所欣赏。这个小群体中无疑汇聚着当时最具天赋且最为卓越的人士。苏轼、黄庭坚、王诜、米芾、秦观、洪羽、张耒、晁补之等士大夫以及与他们相交的佛道僧侣们——这些人可以说是中国历史上最具天赋与智慧,拥有着无与伦比创造力的精英,事实上他们的创造力也是空前绝后的①。这一群体的其他成员中不乏卓有成就的画家,但李公麟

---

① Bush, *Chinese Literati on Painting*, pp. 29-43

图4 李公麟 《五马图》 约1090年 手卷 纸本水墨 日本东京国立博物馆藏

4-4　4-2

4-5

所代表的是绘画艺术最具文化意蕴和深远影响的一面。在他们的认可之下，李公麟的艺术最终走向了世界。一种包含着朴素的美与令人不安的挑衅性的艺术形式，最终得到了意料之外的认可。

《临韦偃牧放图》（见图2）也是一件早期绘画的摹本。李公麟是一位极具热情的学生，为了得见并学习早期绘画大师的伟大作品，他想尽了一切办法[①]。一个有趣的现象是：李公麟所临摹的画家都是现在被认为是绘画宗师的人，包括顾恺之、陆探微、吴道子、韩幹、李思训和王维[②]。《临韦偃牧放图》展现出临摹的一种新的可能性，他所谓的临摹其实是一种相对自由的戏笔，草草地依据摹本，实际上创造出了一种个人化的表达，传达着艺术家自己的思想与对现实的关照。

《五马图》的原型是李公麟的早期的绘画练习而非具体的范例。前代绘画大师如韩幹绘制过这样的作品：排成一列的贡马与牵马人在画面上水平展开，画面色彩丰富、装饰精微，充斥着戏剧性与娱乐化的氛围。李公麟的《五马图》是对于这一传统的再诠释，也取材自1086年至1088年间进贡至宋朝的一系列贡马与牵马人的形象，而李公麟用了一种新

[①] Meyer, *Chinese Painting*, p. 102
[②] Richard M. Barnhart, "Li Kung-lin's Use of Past Styles", in Christian F. Murck, ed., *Artists and Traditions* (Princeton, 1976), pp. 51-71

的方式表现这一题材，不同于传统的风格与早期绘画的目的。李公麟的作品促使我们重新思考朝贡系统，让我们带有感情地看待这些人和他们与世界的关系。外部形式尽管并不能准确地反映内部本质，但如果我们以一种超越性的眼光来看待的话，仍具有一定的真实性，正如李公麟在《临韦偃牧放图》与《五马图》所实现的。

据目前可查资料已知，当李公麟绘制《孝经图》（即李公麟存世的第三幅作品）时，并没有这一题材早期的版本存世[1]。这一古老的文本曾在几个世纪以前被图绘过，但到了11世纪，最理想的情况下，可能也仅有一些早期作品的残片为人所知。因此，李公麟不得不创造出一种自己的图解。《孝经图》作为李公麟的原创作品，也是他最为影响深远的叙事画的代表作之一。这类作品除《孝经图》之外还有《归去来兮图》（依据陶潜的《归去来兮辞》），《九歌图》（依据屈原的《九歌》），《华严经变图》《兰亭修禊图》以及深远影响了后世佛教绘画的罗汉像与释迦牟尼弟子像[2]。这些画作都变成了经典图式，并影响了后代的艺术家。

《孝经图》（至少是李公麟所作的数本《孝经图》之一）

---

[1] 关于《孝经图》早期版本的讨论参见 Barnhart, "Li Kung-lin's *Usiao Ching T'u*", pp. 66-70，目前看来在11世纪没有相关的作品存世
[2] Meyer, *Chinese Painting*, pp. 271-275, 341-342. 也参见 Lawton, *Chinese Figure Painting*, cat. 4, pp. 38-41

是1085年李公麟应凤阁舍人杨公所请而作，李公麟本人对此事的解说十分有趣：

"凤阁舍人杨公雅言《孝经》乃六艺根本，百行世训所重，谓龙眠山人李公麟曰：'能图其事以示人，为有补。'元丰八年（1085）三月，因摭其一二随笔之。"[1]

现存的《孝经图》看起来更像是一件初稿，但肯定与1085年所作的版本有关。原作十八段中的三段已经遗失了，大致特征可见于早期的整卷摹本中，是目前所有已知的后世版本的基础。其中除了图画之外，还保留有李公麟亲笔题写的相关章节。

后文将详细讨论整卷《孝经图》，在此仅希望大家注意到从广义上理解李公麟艺术的几个至关重要的方面。像《五马图》一样，《孝经图》也是水墨白描作品，画面中偶见朱砂痕迹，只不过《五马图》绘制于纸本之上，而《孝经图》绘于绢本之上。鉴于《孝经图》中一些非正式图像的存在，凤阁舍人杨公与李公麟可能存在着某种私交。或许正是杨公送给了李公麟用来绘制十八段《孝经图》的丝绢，李公麟在

---

[1] （宋）周密，《云烟过眼录》，《艺术丛编》（台北，1962年），页37

其上信笔绘成，好似在通过图像与这位杨公讨论《孝经图》的内容与意义。不论如何，李公麟已经明确指出《孝经图》是为杨公所作，这样之后通过图像的对话便有了对象。但遗憾的是：我们已无从得知杨公的回应。

尽管直到宋代，《孝经》也未被指定为官方经典，但它一直是儒家政治与社会传统的中流砥柱。在李公麟的时代，每一个学童都会被要求记诵十八章《孝经》。毫不夸张地说，正如凤阁舍人杨公指出的，《孝经》是中国传统社会的基石，是"百行世训所重"。正是因为有了这些精心规范的行为准则，社会才安定了下来。

从李公麟的作品中我们可以理解到这种精心安排的人际关系的优点与潜在的问题。《孝经图》包含着对理想与真实的人类社会的解读：在理想社会中，子女赡养父母，人民相互友爱，官员诚信正直、清廉执法，统治者施行公平而智慧的有力统治。整个社会和谐有序、充满智慧，被一种认真维护的人际关系所管控，这种关系清晰且完美，如同古老编钟的音符。

事实上，也正如李公麟向我们展示的，现实生活与理想相去甚远。可怜的穷人被视作为危险的，正直的人总要冒着生命危险讲出真话，违反社会规则的人总是处境艰难，而傲慢的帝王却永远高高在上。在这些行为发生的同时，也有另一个完美却从未达成的理想世界,我们或许有能力使之成真,但在大多情况下是做不到的。

李公麟所着重展现的是生活于社会关系网中的个体的人,每一个人都依存于社会关系而生存,却又受困于这些关系。对这类个体的表现是李公麟艺术创作的本质所在,也揭示了他的说教意图。正如李公麟自己告诉我们的,他正在做一些"为有补"的事,我们可以通过他的作品结构来洞悉他的绘画目的。为了展现个人在孝道统摄下的理想人类社会的生活,李公麟将个体的形象表现于公共生活的构图中。绘画关照的是个体的行为、责任与义务,画中的帝王、皇亲、官僚、父子等每个人都在履行自己的孝道责任。

家庭中的孝道表现在几个子女侍奉父母的场景上,从中我们可以感受到爱的亲密与和谐的理想。而在一些公共场合,比如朝廷或街道上,我们又可以看到李公麟对权力的看法。在《孝经图》"诸侯"一段中,李公麟描绘了一名仁爱的诸侯乘坐车辇穿过城市街道的场景。一队持械护卫于前后左右簇拥着保护车辇,他们用充满威胁与怀疑的眼神监视着街上的百姓,而一名百姓不顾侍卫头领警惕的目光,正愤怒地挥舞着拳头。李公麟将穷人与残疾人绘制于画面下方的角落处,与占据着上方构图的旌旗招展、全副武装且威风凛凛的贵族卫队形成了戏剧化的对比,贵族卫队在构图上形成了一种压倒性的力量。在另外的画面中，李公麟也将类似的充满压迫、威胁与控制性的构图安排给一名敢于进谏的正直官员，他还会使用类似的构图来表现被统治者接见的无助的鳏寡孤独者（《孝经图》"孝治"一章）。在这些具有重要象征性意义的道德图解当中，我们可以发现那些被社会遗弃且无害的人们正生活在一个充满着可见的暴力威胁的社会中，且与掌控着他们生活的权势力量明显地区分开来。

  李公麟的友人们相信他的绘画是有助于社会的，他们也经常用自己的方式于不经意间委婉地表达出劝诫之意。事实上，李公麟的绘画是一种武器，一种道德的传播媒介，他借绘画表达了对百姓、制度、理想与时代冲突的个人看法。当他描绘帝王的时候，他也在评论着帝王。高官的肖像其实也是对真实的中国官员及百姓生活描摹，正如李公麟曾入仕的父亲一样。百姓的形象在画面里总处于冲突当中，并总要被迫面对许多危险的境况。除非百姓在生活中是遵循孝道的、相互尊重的，否则他们总被描绘为对当权者的持续威胁。如《孝经图》"广要道"一节，李公麟让我们看到了一个充满包容和谐的组织宽松的社会，那里没有冲突也没有压迫。这是一个永远召唤着我们的理想，但仅能存在于没有政治高压与物质限制之时。正如李公麟在《临韦偃牧放图》中描绘的那样，当人们被严格管控的时候，他们会如同被驯服的羔羊一般低头顺从。只有在自由自在的时候，才会表现出人真正的样子，从压迫中获得解放，才有可能像如同手卷末尾的马儿一样自由不羁。

在李公麟之前，绘画并没有如诗歌或文章一样来传达重要人文关怀的能力，如批判或赞扬，指责或劝诫，再或传达画家内心的情志。李公麟以一种前所未有的方式让艺术直接从他的个人生命中成长起来。他画下身边大醉或大喜状态下的友人，画下水牛与牧童，画下可与他杰出友人的诗词相映照的竹石，他临摹前人之作用以反思当下，用图绘的形式表达自己对政治、社会与哲学的观察。在李公麟的时代，绘画才真正拥有了与诗歌和书法一样的能力，真正成了中国艺术必不可少的一部分。

龙眠居士：李公麟传

韩文彬

李公麟结合两个有内在联系的场景绘成了《孝经》第十七章的图画（图1，同见《孝经图》第14段）。画面左上方坐着的是一名威严的男人，他应该就是皇帝，一位士大夫正在向他进言。画面的右下角与上面的场景经由一条倾斜的云气带隔开，之前的那位士大夫正坐在花园的亭子里沉思。尽管李公麟在北宋（960—1127）朝廷中担任的官职并不显赫，无须像画中的人物那样向皇帝进言，但用这幅画从视觉上引入对李公麟的生平介绍再合适不过。和画中的士大夫一样，李公麟一方面积极参与政务；另一方面，在意识到官场总潜移默化地使人腐败后，他也时常萌生辞官的念头。这两种相互冲突的想法常常萦绕在李公麟心中，难以调和——这两种冲突可归结为如《孝经》中所言的"仕"（为官）和"隐"（退隐）的冲突。然而，在现实生活中，李公麟其实从未在这两种理想之间达到如他在画中表现出的那种平衡。虽然他也先后担任过一些并不显赫的职位，但李公麟始终以作为画家和古

图 1

董收藏家的个人成就而闻名于世。

归隐的文人

在儒家思想占统治地位的北宋社会中,于1070年考中进士无疑是李公麟生命中的第一个重大的事件。尽管历史学家们对于中举是否就意味着能获得精英的社会地位还存在很大分歧,但在北宋时期,对于那些有才能有抱负的人来说,中举无疑是成为士大夫最可靠的通行证①。"进士"一词的意思是"可被引见的士人",意指中进士者将会被正式引见给皇帝。在英语中,"进士"一词也常被翻译为"文书博士"(doctor of letters)。这很好地强调了一个事实,即虽然通过科举入朝为官的人之后从事的将是从起草国家文件到监督水利工程一类的行政工作,但是科举本身考察的却是学子的文学素养和对儒家典籍的掌握程度。

李公麟的父母和祖父母都是北宋时期舒城(现隶属安徽省)的士大夫,出生在这样一个可以提供良好学习环境以便应对日后严酷的科举考试的家族中无疑是十分幸运的。事实上,至北宋末年,有记载的祖籍庐州的14名进士中有近一半

---

① 有关进士与精英阶层关系的研究参见 Patricia Ebrey, "The Dynamics of Elite Domination in Sung China," *Harvard Journal of Asiatic Studies 48,* no. 2 (1988), pp. 493-519

都来自于李公麟的家族（舒城在当时隶属庐州）①。李公麟与其弟李公寅、堂弟李深，和一个名叫李冲元的人（一说为李公麟的另一个堂弟，但极有可能是一个与李公麟同姓的老乡）都顺利地通过层层选拔，通过庐州（今合肥）的乡试，进入到在北宋都城汴京（今开封）举办的、由宋神宗亲自监考的殿试，并最终同榜中第。

约翰·费尔班克（John Fairbank）把在古代考中进士比作在大学获得终身教职，并当选美国国会议员②。对于那些经过多年艰苦求学，终于获得了社会所能授予的这种至高无上的荣誉的人来说，在开封参加进士考试是一件大喜事。元祐二年（1087）秋，李公麟在阅卷之余，可能回忆起了他自己中进士时的庆祝活动，于是赋诗一首，描述中举考生家庭的喜悦之情。他在诗中结尾一句写道："乐事连休日，须凭酒作媒。"③如诗中所述，正式的庆祝活动在皇帝于开封举办的宴会上达到高潮，在宴会中，新科进士被授予鲜花、官服和

---

① John Chaffee, The Thorny Gates of Learning: A Social History of Examinations (Cambridge, 1985), table 26, p. 198. 尽管一些记载显示李公麟是南宋皇室后裔，但这些记载相对不可信，见 Robert E. Harrist, Jr.z "Li Kung-lin: A Note on the Origins of His Family," *National Palace Museum Bulletin 25,* no. 4 (1990)

② John King Fairbank, *The Great Chinese Revolution, 1800-198* (New York, 1986), p. 129

③ 收于张耒，《柯山集》，《四库全书珍本别辑》，第249册（台北，1973年），卷29，页14b

其他皇家赏赐。他们自己也会组织不那么严肃的狂欢活动，称作"闻喜宴"。一位欣喜若狂的进士在诗中描述"闻喜宴"的盛况时这样写道：

狂歌互喧传，醉舞迭阗伉。
兹时实无营，此乐亦以壮。①

新科进士们的庆祝活动往往以逛开封府最繁华的青楼区为高潮，这是他们将衣锦还乡、准备正式开始职业生涯前的最后放纵。虽然新科进士有时要经过短暂的等待才能上任，但正常的流程是直接由进士转为士大夫。但就是在人生的这一阶段，李公麟却做出了一个非常不同寻常的决定：他放弃仕途回到家乡，在一处叫作龙眠山的风景名胜处定居下来。李公麟没有选择"仕"，而是选择了"隐"，并在将近10年的时间里没有再谋求任何官职。

为什么李公麟会在如此长的时间里选择避仕呢？理查德·巴恩哈特（Richard Barnhart）认为：尽管李公麟本人似乎没有强烈的政治倾向，但他有可能是想逃避11世纪70年代早

---

① 苏舜卿，《及第后与同年宴李丞相宅》，《苏舜卿集》（上海，1961年），卷1，页4；英文版见 Thomas H. C, Lee, in *Government Education and Examinations in Sung China* (Hong Kong, 1985), p. 164

期，王安石（1021—1086）在推行著名的新政改革时，官僚机构内部发生的派系斗争[①]。当时在励精图治的神宗皇帝的支持下，王安石推行了涉及从货币到马匹饲养等方方面面的新政改革，就此引发了支持王安石的改革派和以司马光（1019—1086）为首的保守派之间激烈的政治争斗。保守派既反对王安石提出的具体的改革政策，也反对其所依据的功利主义哲学。李公麟当然有可能是因为不愿意卷入这些纷争，但也有可能是出于其他的私人原因才选择避仕的。据他的外甥张澂记载，李公麟的父亲因"六论过阁被黜"[②]。这段不幸的遭遇可能大大降低了仕途对李公麟的吸引力，以致他决定尽可能地推迟自己入仕的时间。李公麟退出官场的原因尚不清楚，但在11世纪70年代，李椂和李冲元与李公麟在龙眠山住了一段时间，时人称他们为"龙眠三李"。

当李公麟决定退隐深山，开始自号"龙眠居士"[③]时，他便算正式加入了令人尊敬的隐士的行列，正是隐士的存在使中国的历史和文坛变得更有生气。就像几百年中无数的隐士一样，李公麟在优美的自然环境中过上了隐居生活。他所

---

① Richard M. Barnhart, "Li Kung-lin's *Hsiao Ching Tu:* Illustrations of the 'Classic of Filial Piety'" (Ph.D. diss., Princeton University, 1967), p. 9
② 张澂，《画录广遗》，《美术丛书》卷16（上海，1947年），页65
③ "龙眠居士"是李公麟为自己取的号，其字"伯时"则是朋友间经常称呼的名字

归隐的龙眠山在舒城的西南，位于大别山的深处。正如当地地方志中所描述的，龙眠山形如卧龙，山势蜿蜒起伏，故名"龙眠"。

在李公麟离开龙眠山后，于开封府任职的几年中，他将自己的庄园以图画的方式表现出来，即《龙眠山庄图》，一般简称《山庄图》①。诗人、书法家和政治家苏轼曾为此图题跋，其弟苏辙（1039—1112）则模仿唐代隐逸诗人王维（701—761）的20首"辋川"诗，为《山庄图》作序并也撰诗20首——李公麟于画中描绘的主要景点各一首②。《山庄图》的初稿与终稿原作早已失传，但据现存的摹本，我们仍可以一瞥李公麟的山中生活。

李公麟与苏轼、苏辙和黄庭坚都是好友，他们的作品均收录于个人文集中（文集可被视作是作者思想与精神的自传）。然而李公麟的文学作品，除一些诗歌和零散的绘画笔记外，其余都没有流传下来。我们只能从他的画作中了解李公麟对自己生活的理解与看法，《山庄图》是其最具自传性质的作品。

---

① 关于这幅画的研究，参见 Robert E. Harrist, Jr., "A Scholar's Landscape: *Shan-chuang t'u by Li Kung-lin*" (Ph.D. diss., Princeton University, 1989)
② 苏轼，《书李伯时山庄图后》《东坡题跋》《艺术丛编》，第22册（台北，1962年），卷5，页95—96；苏辙，《题李公麟山庄图二十首并叙》，《栾城集》（上海，1987年）第一册，卷16，页386—391。部分苏轼题跋的英文翻译见 Hsiao-yen Shih and Shih and Susan Bush, eds., *Early Chinese Texts on Painting* (Cambridge, Mass., 1985), pp. 206-207

如果说《孝经图》是关于官场中应尽的义务，描绘的是李公麟所处阶级的社会和政治等级的情况，那么《山庄图》描绘的则是一个私密的、充斥着个人生活经验的世界。

这件作品呈现出了引人入胜的景观，其中树木繁茂，有悬崖峭壁、奇石洞穴及溪流瀑布（图2）。《山庄图》不只展现了李公麟家产的自然地形，也是李公麟本人于山水中的在场记录，从某种意义上说，还标志着李公麟对山庄的所有权。李公麟在一系列的自画像中描绘了他与两位同伴（可能是李棪和李冲元）的形象，他们徘徊于瀑布下，将脚浸于清凉的山溪中，驻足在山洞中饮酒，挑选草药，或乘竹筏在溪水下游游玩。在某些地方还会有佛教僧侣陪同，如"胜金岩"（一处悬伸出悬崖外的天然露台）一段中，他们与11名听众一起，聆听着一场户外的讲道（图3）。

考虑到题材的特殊性，《山庄图》的自传性内容就更加明显了，因为画中所描绘的风景并非无名的山川地形，而是李公麟自己设计的一个没有边际、没有围墙的园林。李公麟小心翼翼地在庄园里安置了道路、桥梁、人造池塘、露台和小屋，使这座庄园俨然成了一个经过精妙设计的、适合娱乐与反思的场所。尽管几个世纪以来，中国文人已经建成了许多园林，并为园林题诗作画。但北宋的园林艺术空前繁荣，不仅得益于宋朝稳定的经济和政治环境，也得益于像李公麟一样的、作为中国社会新精英阶层的士大夫群体的出现。这一时期的诗歌和散文都充分证明，除了绘画、书法和诗歌，北宋精英文化的特色产物园林建筑在城市和乡村的发展都十分繁荣。

这一时期与园林相关的文献表明，对于北宋文人来说，园林建筑无疑是园主思想的表达[①]。园主于私人园林中表现自己的品位和个性最重要的方式之一就是给园林中的建筑与景点起一些诗意的名字。在龙眠山庄中，李公麟也为诸景点命名，使一个无名的景观变成了一个真正的园林。他为自己的居所也即龙眠山庄的主建筑取名"建德馆"，典出《庄子》。在"建德"之国中，"其民愚而朴，少私而寡欲"[②]。李公麟以"建德"为名，以示他在龙眠山庄中的生活是简单、淳朴而远离世俗的。李公麟为其他景点所选的名字则展现了自地形而生的想象，也使我们能从他的视角看待这个庄园。例如，"璎珞岩"之名缘于自悬崖上飞流直下的瀑布，让人联想到了佛珠的形状。"泠泠谷"中溪水涓涓汇入池塘的场景，让李公麟联想到水花飞溅时的"泠泠"声，便以拟声叠字为其命名。

在李公麟所选的20个景观名中有6个都是佛教词语，

[①] 关于南宋园林的研究，参见 Harrist, "A Scholar's Landscape," chap. 3

[②] 英文版见 Burton Watson, trans., *The Complete Works of Chuang-tzu* (New York, 1968), p. 211

图2 （传）李公麟 《龙眠山庄图》"璎珞岩"与"栖云室"局部 手卷 绢本墨色 28.7厘米×512厘米 台北故宫博物院藏

图3 （传）李公麟 《龙眠山庄图》"胜金岩"局部 手卷 绢本墨色 28.7厘米×512厘米 台北故宫博物院藏

反映出了他长久以来对佛教的浓厚兴趣。佛教既是他绘画的主题，也是他个人的信仰。尽管通常认为佛教在唐代（618—907）灭亡后便在中国逐渐衰败了，但北宋很多著名的士大夫依然信仰佛教，尤其是禅宗（在西方常被称为"禅"）。佛教吸引了当时最有智慧的思想，并全面渗透进了文人的生活中[1]。李公麟的画作中有很多以佛教为题材的作品，包括佛经插图、佛像、罗汉图以及著名僧人与佛教徒的肖像。唐代吴道子（约680—759）的佛教绘画是于寺庙墙壁上以大笔作画，意在唤起人们的敬畏之情的作品，而李公麟的作品则不同，他的画规模更小，多以白描法（即一种用墨线勾画轮廓的画法）于纸上作画，供文坛好友私下欣赏。但李公麟的画也可以作为有实际功用的佛像画使用。苏轼的第二任妻子于1093年去世后，李公麟便应其所请，作了释迦牟尼与十大弟子的画像，苏轼以此为供养来悼念亡妻[2]。

在《山庄图》描绘的所有景观中，李公麟细致地刻画了一个集佛教静修和艺术家画室于一体的乡村建筑。这个地点

---

[1] Robert M. Gimello, "Marga and Culture: Learning, Letters, and Liberation in Northern Sung Ch'an," in Robert E. Buswell, Jr.z and Robert M. Gimello, eds., *Paths to Liberation: The Marga and Its Transformation in Buddhist Thought,* Kurokawa Institute Studies in East Asian Buddhism 7 (Honolulu, 1992), pp. 371-437

[2] 关于苏轼请画此作的故事见于李一冰，《苏东坡新传》(台北，1983年)，卷2, 页780

叫作"墨禅堂"，里面出现了可能是整个宋代绘画中唯一一位正在作画的艺术家的自画像（图4）。在一间茅屋中，仆从在前厅忙碌，有两个人在一张大桌子前工作。坐在右边正写字或作画的人可能就是李公麟；坐在李公麟对面，正于桌上誊写文字的人可能是李冲元，他曾与李公麟合画《华严经变图》[①]。两人之间的桌子上放着砚台、几支毛笔和一个笔洗。房间后面的隔墙上挂着一幅卷轴画，可能是李公麟本人的作品，描绘的是坐于莲花宝座上的佛陀。佛像前的小桌上供着两个木盒，并有两个花瓶，一个香炉与两个净瓶。房间前壁的卷帘被拉起，一个佛教的钟磬正挂在右边的房梁上。

这幅颇有些不同寻常的作品展示出了"墨禅堂"的寓意，"墨禅"让人联想到"墨客"，即古代对文人或诗人的雅称。结合当时的时代背景，李公麟于归隐时为此处取名"墨禅堂"，暗含着"问禅"之意，他的文人朋友们比如苏轼，就曾多次问禅[②]。李公麟的画作并没有过多描绘冥想或其他佛教实践，而是主要关注绘画和书法，即：从"墨禅"中也很有可能受到启发，或成为获得真知的途径。苏辙在他为"墨禅堂"所作的诗中也认同了这个情况：

[①] 叶梦得，《避暑录话》，《丛书集成初编》，卷2728（上海，1935年），上册，页66

[②] Gimello, "Marga and Culture," p. 381

图 4 （传）李公麟 《龙眠山庄图》"墨禅堂"局部 手卷 绢本 墨色 28.7厘米×512厘米 台北故宫博物院藏

> 此心初无住，每与物皆禅。
> 如何一丸墨，舒卷化山川。[1]

正如山水画理论家和居士宗炳（375—443）一样，苏辙对画家能通过画笔来给观者以真实景观一样震撼的能力赞叹不已[2]。李公麟的画作和苏辙的题诗都表明，在北宋文人的心目中，在绘画或其他文化上的追求与佛教的救赎之路之间并没有冲突。

政治、绘画与交游

除了李公麟在《山庄图》中展现出的隐居生活外，他在11世纪70年代的生活我们知之甚少。李公麟那时应该已有妻室，他的两个孩子，一男一女，很可能都是在这10年间出生的。在这几年中值得一提的是：李公麟在1076年后曾到金陵拜访过王安石，当时王安石已经辞去相位。王安石写给李公麟的诗中记载了这次会面，且李公麟为王安石所画的退隐后的肖像画也证实了这点[3]。鉴于李公麟与王安石的政敌苏轼和

---

[1] 英文翻译版见 Jonathan Chaves, in Laurance P. Roberts, *The Bernard Berenson Collection of Oriental Art at Villa I Tatti* (New York, 1991), p. 40
[2] 宗炳，《画山水叙》，于剑华编，《中国画论类编》（北京，1957年），卷1，页583—584
[3] 见 Harrist, "A Scholar's Landscape," pp. 20-23

苏辙两兄弟间深厚的友情，李公麟竟然与王安石也交情不浅，着实令人感到惊讶。一种观点从李公麟明显表露出的对王安石派系的同情中，认为这体现出了他的政治倾向。但事实上，苏轼本人以及与其相交的同僚对王安石的敌意可能因为之后改革派与保守派的党争而过分夸大了。当我们发现苏轼本人似乎也没有对王安石怀有多大的敌意时，就可以理解李公麟与王安石和苏氏兄弟同时保持良好的关系的情况了：1084年，苏轼到南京拜访了王安石，他与自己曾经的政治宿敌友好地聊天，甚至还开玩笑说可以和王安石比邻而居①。

不知是出于经济上的原因，还是为应对政局变化，李公麟结束了他的隐居生活，并于1079年离开了龙眠山。那年春天，他在开封任元丰年间（1078—1085）第一次科举考试的考官②。没有证据表明李公麟在此之前接受过任何全职的官位，他是如何被任命为考官的也不得而知，但这确实是他长期隐退后重入仕途的第一步。

李公麟在开封时期广交朋友，结识了许多后来与他志趣相投的文人志士，他的大部分画作都是为他们创作的。也大

---

① George Hatch, biography of Su Shih, in Herbert Franke, ed., *Sung Biographies*, Münchener Ostasiatische Studien 16 (Wiesbaden, 1976), vol. 3, p. 954

② 李公麟在几年前完成的一幅画作的题跋中描述过他当时在京城的生活，见于吴师道，《吴礼部诗话》《知不足斋丛书》，卷208（台北，1966年），页34b—35b

概就是在这个时期,他第一次见到诗人、书法家黄庭坚。黄庭坚自1072年起在开封担任国子监教授,他向素未谋面的李公麟讨要唐代诗人王维的画像,由此开始了他们之间的友谊①。尽管黄庭坚看到画像中的王维满脸的络腮胡子时有些失望,但此事还是使黄庭坚与李公麟成了亲密的朋友。在李公麟所有的文人朋友中,黄庭坚对李公麟画作的论述最为广泛,他认为他与李公麟关于绘画和诗歌的谈话,特别是关于"韵"概念的交流,加深了他对李公麟作品的理解②。1080年,当黄庭坚离开京城赴任泰和(今江西省吉安市泰和县)县尉时,即将成为南康(今江西省赣州市南康区)县尉的李公麟可能自开封和黄庭坚同行,或是在黄庭坚经过庐州时在龙眠山与其相遇的。黄庭坚曾以诙谐的四行诗《龙眠》来纪念这次拜访李公麟所钟爱的龙眠山的经历:

诸山何处是龙眠?旧日龙眠今不眠。

闻道已随云物去,不应只雨一方田。③

---

① 黄庭坚,《写真自赞六首》,《豫章黄先生文集》,《四库丛刊初编缩本》,第54册(台北,1967年),卷14,页127

② 有关黄庭坚绘画理论的讨论见于 Susan Bush, *The Chinese Literati on Painting: Su Shih (1037-1101) to Tung Ch'i-ch'ang (1555-11636),* Harvard-Yenching Institute Studies 27 (Cambridge, Mass., 1971), pp. 43-51

③ 王象之,《舆地纪胜》(1221年),《宋代地理书四种》(台北,1963年),卷46,页13b

黄庭坚的诗是与新结交的李公麟开的一个小玩笑，说他就像一条沉睡已久的龙，终于认真地开启了他自己的仕途。

　　李公麟在南康县的公职是他的第一份全职工作，那时他已年近40岁。1083年左右，他被调到离开封不远的长垣县（今隶属河南）。这次调任并不是晋升，他的官职和在南康时一样，都是县尉，这个官职通常是给新科进士的，并不算显赫，不是像李公麟这样的成熟士大夫应得到的职位。当李公麟在长垣的任期将结束时，他已画了不止一个版本的《孝经图》。他在《孝经图》中自题，在凤阁舍人杨公的建议下，"撷其一二随笔之"，于1085年2月完成了这幅作品[1]。

　　一个月后，在位19年的宋神宗突然驾崩。继任的宋哲宗（1085—1101）当时年仅10岁，神宗的母亲宣仁太皇太后高氏（卒于1093年）垂帘听政，并在1086年颁布了一个新的年号元祐（1086—1094）。在高太皇太后摄政时期，王安石的改革政策被废除，以司马光为首的保守党派重新掌权。在很短的时间内，京城才华横溢的文学家、书法家和文人画家云集，他们中很多人是从偏远的岗位被召回至新皇帝的中央政府任职的。大约在1086年到1094年间，李公麟与这些人一起在朝为官，这段时间是北宋士大夫文化发展的黄金时期，也是李公麟本人艺术生涯中最为多产的时期。

---

[1] 周密，《云烟过眼录》，《美术丛书》，卷6，页37

图5 张择端(约12世纪初) 《清明上河图》"虹桥"局部 手卷 绢本浅设色 24.8厘米×528.7厘米 故宫博物院藏

好友陆佃和李公麟一样是1070年的进士,由于其推荐,李公麟在元祐初年间被召回京城。李公麟在1086年初到达了开封并在开封东郊离虹桥不远的地方定居,虹桥正是张择端(约12世纪初)绘制的城市生活全景图《清明上河图》(图5)中的重要景观。虽然李公麟在朝廷的新官职——中书门下省删定官——给人留下了深刻的印象,但事实上,这只是一个卑小的官职,李公麟负责编辑关于宫廷管理的文书。

李公麟在开封期间关系最紧密的朋友是苏轼、苏辙和黄庭坚,他们都是在元祐初年被召回京城的。经过5年的流放、行旅和短暂的外派,苏轼于1085年底回到京城成为礼部官员。不久,他的弟弟苏辙也来到了开封并任职秘书省,黄庭坚则任秘书省新任校书郎,负责编纂《神宗实录》。李公麟被召入京城的朋友还有诗人秦观(1049—1100)、张耒(1054—1114)、晁补之(1053—1110),以及驸马、画家王诜(1036—1100后)。

与这些人的交游直接激发了李公麟的灵感,他在京城期间创作的大部分画作都产生于这一时期。与职业画家不同,李公麟作画并非受人委任,也从未打算让自己的画被大部分人所赏识。当权贵向他要画时,他总会固执地拒绝;但当士大夫向他要画时,即使索要之人素未谋面,李公麟也会欣然作画[1]。正如何惠鉴指出的,若不明白在宋朝士大夫生活中艺术与友谊的密切关系的话,是很难理解这类艺术的[2]。在这一群体中,绘画变成了友谊的桥梁,就像传统意义上诗歌作为文人雅士相交所特有的语言,这在此前的中国历史上从未出现过[3]。

苏轼是在李公麟所有朋友中求画、并给予李公麟绘画的灵感最多的人。他以无与伦比的书法完成《黄庭经》后,

---

[1] 《宣和画谱》,《艺术丛编》,第9册,卷9,页201

[2] Wai-Kam Ho, "Mi Fei," in *Encyclopedia of World Art* (New York, 1965), vol.10, col. 85

[3] Bush, *Chinese Literati on Painting*, pp. 7-9

请李公麟为此文画了一幅卷首图。李公麟还在手卷后加上了一幅自己和苏轼的肖像[①]。在苏轼的另一幅肖像画中,李公麟描绘苏轼坐在一块大石头上。黄庭坚觉得这幅画很像苏轼醉酒的样子,于是决定向李公麟再要一幅类似的画,以便在苏轼的朋友聚会上展示[②]。北宋元祐二年或三年(1087或1088),李公麟应苏轼之请作《三马图》。画的是西域赠送给北宋朝廷的骏马,其中还包括一幅1087年被宋人俘虏进献给皇帝的部落首领的肖像。这是宋朝历史上少有的对抗外敌胜利的事件,它成功地遏止了过于嚣张的外族气焰,苏轼对此印象极为深刻。苏轼必定极爱此画,以至于在流亡惠州(今广东省惠州市)时仍然随身携带,并在1097年将其镌刻在墓碑上[③]。苏轼最后一次请李公麟作画是在两人分别前不久,显然当时两人关系还很好,如前文所述,1093年,苏轼还请李公麟为悼念他的亡妻而画佛像。虽然《山庄图》并不是应苏轼所请而画,但李公麟最先与之分享他在龙眠山生活的朋友正是苏轼与苏辙兄弟。

除了向李公麟求画或启发李公麟作画外,苏轼还会与李公麟共同完成作品。他们到达京城后不久,便共同创作了一幅以

① 《苏东坡全集》(北京,1986年),第一册,卷20,页278
② 黄庭坚,《跋东坡书帖后》,《艺术丛编》,第22册,卷5,页46
③ 苏轼,《三马图赞》,《苏轼文集》(北京,1986年),卷21,页610—611。遗憾的是,李公麟为苏轼所作的画作如今均已不存

松树和岩石为主题的作品，并把这幅画送给了苏轼的一位亲戚柳仲远[1]。后来柳仲远又请李公麟在树下加上一个西域僧人，李公麟这样做了之后，画作变得很像杜甫（712—770）一句诗文的诗意图[2]。苏辙也曾写诗赞美这幅画，诗的题目是《憩寂》，黄庭坚也写了两首[3]。据说，苏轼和李公麟还共同创作了其他作品，包括描绘苏轼最喜欢的诗人陶潜（365—427）的《陶渊明濯足图》，以及另一幅描绘和尚观鱼的画[4]。

考场看似不可能是作画的场所，但由于李公麟和苏轼的友情，他们在考场上也会作画。1088年春，苏轼出任科举主考官。黄庭坚、李公麟、晁补之等几个文人朋友均为考官，他们在秋闱锁院的几周时间里监考并评阅试卷，还挤出时间创作了不少诗歌[5]。李公麟也创作了几幅画。一天晚上，苏轼

---

[1] 苏轼，《题憩寂图诗》，《东坡题跋》，卷3，页53—54

[2] 杜甫，《戏为韦偃双松图歌》，彭定求编，《全唐诗》（北京，1960年），卷4，页2305

[3] 苏辙，《子瞻与李公麟宣德共画翠石古木老僧谓之憩寂图》，《栾城集》第一册，卷15，页352；黄庭坚，《次韵子由题憩寂图二首》《题李伯时憩寂图》《豫章黄先生文集》，卷5，页44

[4] 以陶潜为主题的画作记载于刘从益（1181—1224），《题苏李合画渊明濯足图》，陈邦彦编，《御定历代题画诗类》，《四库全书珍本别辑》第372册（台北，1976年），卷37，页15b—16a。有关僧人观鱼的画作记载于黄庭坚，《题李伯时画观鱼僧》，《豫章黄先生文集》，卷5，页46

[5] 关于这些诗作的研究，参见 Ronald Egan, "Poems on Painting: Su Shih and Huang T'ing-chien", *Harvard Journal of Asiatic Studies 43,* no. 2 (1983), pp. 415-451

来到李公麟的住处，发现李公麟胃不舒服，吃不下东西。据苏轼说，李公麟画了一幅马在土里打滚的画来表现他的身体不适。苏轼、黄庭坚、晁补之等几位考官都为这幅幽默的小画题诗。李公麟说，这幅画是他一时兴起，"有顿尘马欲入笔"①，便拿起笔把它画了出来。从这个有趣的小插曲中可以看出，李公麟和他朋友们已经彻底地将绘画融入日常生活中。就如微小的细节也能激发创作诗词的灵感一样，李公麟也可以通过绘画把平凡的经历变成艺术。

虽然李公麟在开封期间的大部分画都是为他著名的文学朋友们创作的——那些同样因诗歌、散文和书法而闻名的人，但李公麟也为一些不太出名的，现在几乎已经为人所遗忘的人作过画。他将自己的几幅画作为临别礼物送给将要离京的人。这些作品中，最为人称道的是1086年李公麟为一个名叫安汾叟的人所作的《阳关图》，也即是王维的诗《送远二使安西》的诗意图②。就像王维在8世纪为其写诗之人一样，安汾叟将要动身前往遥远的西北边陲熙河（今甘肃临洮）。李公麟为他作了一幅画和一首诗。几个世纪以来，写诗文作为送别礼物并不罕见，但李公麟可能是第一个把画和诗一起作为送别

---

① 苏轼，《书试院中事》《东坡题跋》《艺术丛编》，第22册，卷3，页54—55
② 王维，《王右丞集笺注》，第2册（台北，1977年），卷14，页557

礼物的人①。他说他无法用语言表达出自己的感情,于是又为即将前往大名(今河北邯郸)上任的刘景文作《奉节图》②。李公麟另一幅类似题材的画《琴鹤图》描绘的是一位名叫赵抃(1008—1084)的官员,他携鹤与琴去四川赴任③。

朋友间的小聚也能成为绘画的题材。1086年,李公麟去拜访张耒时,匆匆画了一幅两匹马的画④。1089年夏,李公麟在拜访陆佃时,突然受到启发,画了一幅王安石的肖像。因为李公麟在1070年间在金陵拜访过王安石,而陆佃年轻时曾与王安石在一起学习过⑤。一天晚上,黄叔达和陈履常从法云寺回来的路上,顺道到开封李公麟家拜访。在法云寺,二人已拜访了方丈法秀(1027—1090),李公麟便为他们画了肖像,以资纪念。在这幅画中,黄叔达穿着白衫,骑在毛驴之上摇头而歌,陈履常走在后面,拄着一根拐杖——这幅画看起来很奇怪,以至于开封城的居民都误以为这两个人是神仙下凡⑥。

① Bush, *Chinese Literati on Painting*, pp.8-9
② 张世南,《游宦纪闻》(北京,1980),卷9,页76
③ 苏轼,《题李伯时画赵景仁琴鹤图二首》,《苏东坡全集》,第1册,卷1,页241
④ Agnes E. Meyer, *Chinese Painting as Reflected in the Thought and Art of Li Lung-mien, 1070-1106* (New York, 1923), vol. 2, p. 249
⑤ 陆佃,《书王荆公游钟山图后》,《陶山集》,《四库全书珍本别辑》第284册(台北,1975年),卷2,页249
⑥ 胡仔,《苕溪渔隐诗话前集》(台北,1966年),卷52,页353

虽然李公麟经常应朋友之请作画，但至少有一次他没有按照承诺完成绘画。他的朋友蔡肇（1079年进士），也即后来为李公麟做墓志铭的人，曾在一幅画中画了一棵古树，并让李公麟按照他的一首诗中描绘的那样加上河景、鹅和船来完成这幅画。李公麟同意了，但因为懒惰并没有完成，蔡肇对此大为抱怨，这幅画不得不由另一个画家画完[1]。

另一个在李公麟的开封生活中扮演重要角色的画家朋友是曹辅（1063年进士）。此人曾与李公麟一起担任过科举考官，是元祐初年的御马官。因为曹辅的关系，李公麟可以随时进入骐骥院。在那里，他花费了相当长的时间研究马，专注于对马的研究，以至于忽略了其他访客。显然，李公麟对马的迷恋（其中许多马都是外邦进贡的）激发了他创作了最有名的以马为主题的画之一——《五马图》。《五马图》作于1088年，那时李公麟在开封，他画作中的最后一匹马被进贡至宫廷。1090年，黄庭坚为此画题跋[2]。在这段时间里，李公麟频繁地出入骐骥院，直至曹辅1088年离开京城。方丈法秀对李公麟发出了日后颇为著名的警告：如果李公麟再这样下去，死后将投胎到马腹中（"一日眼花落地，必入马胎

---

[1] 刘宰，《漫堂文集》，《四库全书珍本别辑》卷250（台北，1979年），卷24，页17b—18b

[2] 周密，《云烟过眼录》，卷7，页200

无疑"①）。

据说，法秀的话使李公麟震惊，他从此不再画马，改画佛教为主题的画；但事实上，李公麟数年之前已对佛教题材产生兴趣，也没有任何证据表明他对马的热忱真的消失了。但法秀的警告，却成了李公麟的朋友们相互之间常常提起的玩笑。当法秀告诫黄庭坚不要在诗中过度使用艳词时，黄庭坚戏问自己是否也会受到"必入马胎"的惩罚②。

作为收藏家的艺术家

李公麟以画家的身份闻名，这使其在另一些同样重要，甚至可能比绘画更为重要的领域——收藏并研究古物方面的造诣不那么为人所知。李公麟对收藏的兴趣源于他的父亲李虚一的培养，他的父亲收集了一批出色的早期书法与绘画。李公麟在很小的时候就开始学习并临摹父亲收藏的唐代大师王维、韩幹（715—781后）的作品。早年便得以接触前代伟大画家的作品，使李公麟"悟古人用笔意"③，并培养了他对传统古典艺术的品位。李公麟自己也拥有展子虔（约581—

---

① 《宣和画谱》，卷7，页200
② 厉鹗，《宋诗纪事》，《国学基本丛书》，第181册（台北，1968年），卷92，页2265
③ 《宣和画谱》，卷7，页197

609）、吴道子、韩幹和周昉（约730—780）的作品。尽管他所拥有的收藏已经到了令人震惊的程度，但李公麟并没有像他的朋友米芾（1052—1107）或王诜那样痴迷于收藏画作，也从未著录过自己收藏的画作。

然而，作为一名金石收藏家，李公麟的藏品在当时可能已超过宫廷或皇亲之外的任何人。早期的李公麟传记都提到，他在金石方面的广博知识，以及他在破译古代铭文方面超凡的能力。这些知识不仅源于他对古代文献的研究，还得益于他自己鉴赏与购买古董的经历。邓椿的《画继》中记载："平日博求钟鼎古器，圭璧宝玩，森然满家。"① 邓椿还说，李公麟投入绘画的精力，只是他收藏古董之后余下的精力。一旦李公麟听说别人有一件优秀的藏品，就会毫不犹豫地斥巨资购买，去李公麟开封的家中拜访过的人会发现他房间里满是令人难忘的商代、周代和汉代的收藏品。

李公麟的大部分藏品都可以通过查阅《考古图》得知，《考古图》是新儒学大师吕大临（1044—1093）编纂的一套古代青铜器和玉器目录。除了木刻版画插图，还附有铭文拓片，并记有这些青铜器和玉器的大小、重量、出处及所有人信息，书中还有吕大临自己撰写的或通过其他来源获得的相关历史

---

① 邓椿，《画继》，于安澜，《画史丛书》，第一册（上海，1963年），卷3，页12

和碑文信息①。在《考古图》225件编录在册的藏品中，有55件是李公麟的收藏。其中包括鼎、尊、彝、甗、壶、觚、爵及其他八种商周礼器，还有青铜弩、戟和刀。吕大临还记载了李公麟收藏的几个汉代铜灯、一个炉子、几个玉带钩和香炉。李公麟的收藏囊括了几个朝代各式各样的青铜器类型，很明显，他作为收藏家的目标在于全面研究青铜器艺术。

吕大临《考古图》的第八章全部用来记录李公麟所藏的16件玉器。李公麟在为苏轼《洗玉池铭》作序时提到了其中的9种②。据序言中记载，1093年，李公麟获得了一块马台石，并把它放置于自己的画室之中。苏轼看到这块石头后，劝李公麟将这块玉石凿空做成一个洗玉池。苏轼说，这样李公麟就可以经常清洗这块玉石，使其光彩夺目。苏轼的《洗玉池铭》就刻在洗玉池的边缘，李公麟按照苏轼的建议，在洗玉池的外部雕刻上了他所收藏的玉器的形状。李公麟过世后，他的

---

① 《考古图》最早的版本印于1299年，翻刻本藏于北京与哈佛大学燕京图书馆、剑桥大学等地。文渊阁四库全书本《考古图》依据的是北宋的一个木刻印刷本，其中增补了几条1299年本中遗失的条目。关于宋代金石图录的研究，见 R. C. Rudolph, "Preliminary Notes on Sung Archaeology," *Journal of Asia Studies 22,* no.2 (February 1963), pp. 169-77, and Robert Poor, "Notes on the Sung Dynasty Archaeological Catalogs," *Archives of the Chinese Art Society of America 19* (1965), pp. 33-44

② 吴曾，《能改斋漫集》（北京，1960年），卷14，页402；苏轼，《洗玉池铭》，《经进东坡文集事略》第2册（香港，1979年），卷59，页975—976

儿子把这个洗玉池献给了宋徽宗，并提前清除了其上苏轼的题字，因为苏轼的著作在当时已被封禁。宋徽宗最终得到了李公麟（除了鹿卢环外）的所有的玉器，鹿卢环陪葬于李公麟舒城附近的墓中[①]。

　　李公麟的藏品为吕大临的研究打下了基础，李公麟在收藏领域的主要贡献是于1091年间完成的五卷本的《考古图》，但这本著作现已遗失。吕大临一两年后编撰的《考古图》与之同名[②]。虽然李公麟只是北宋学者中进行金石、考古与古物研究，并著有相关专著和图录的文人之一，但李公麟并非只把古代青铜器和其他文物视为史料来源，他同时也把它们当成艺术品。李公麟将这些古物命名、分类，并记录了它们的来源、大小和功能等重要信息。他所用到的命名和分类方法至今仍在使用。李公麟的著作可能是最早的包含大量插图的古物图录，也体现出了他对有纯粹审美特征的器物的浓厚兴趣。一份描述李公麟所著《考古图》的12世纪早期资料记载：

李公麟著《考古图》，每卷每器各为图叙，其释制作镂文、

[①] 吴曾，《能改斋漫录》（北京，1960年），卷14，页402
[②] 早期文献记载中并没有提供李公麟《考古图》成书年代的相关线索，但在翟耆年《籀史》中记李公麟曾于1091年著《籀史》，而《考古图》书名排于《籀史》之前，可知《考古图》应于1091年前完成。见翟耆年，《籀史》，《丛书集成初编》，卷1513，（上海，1935年），页11

款字义训及所用，复总为前序后赞。天下传之，士大夫知留意三代鼎彝之学，实始于伯时。①

由此可见，吕大临所编图录是以李公麟《考古图》的格式为范本的，其中更有将近 30 个条目摘录自李公麟遗失的文本②。北宋最著名的古物图录是 12 世纪初在宋徽宗的命令下编撰的《宣和博古图》，《宣和博古图》也是以李公麟《考古图》的格式为基础的，并在书中沿用了李公麟所使用的命名系统③。

李公麟在宋代朝代更替的政治史上留下的唯一印记，也是源于他作为收藏家和金石学家的努力，这件事也间接地使臭名昭著的蔡京（1046—1126）在官场的地位进一步提升。蔡京是宋徽宗统治时期的宰相，为官期间贪腐成性。这一系列奇特的事件始于 1096 年，在秦朝都城所在地——咸阳（今陕西境内），段义挖出了一枚色绿如蓝的玉玺。次年，段义把玉玺献给朝廷，宋哲宗便命礼部、刑部和其他下级部门调查玉玺的来源。1098 年 3 月，时任翰林学士的蔡京和其他 13

---

① 同上注
② 最早见于 20 世纪金石学家容庚，《宋代吉金书籍述评》，《国立中央研究院历史语言研究所集刊外编——庆祝蔡元培先生 65 岁庆祝论文集》，（北京，1933—1935），卷 2，页 663—665
③ 蔡絛，《铁围山丛谈》（北京，1983 年），卷 4，页 79—80

个官员商议后,上书报告了他们的发现[1]。在询问了玉器工匠,并研究了篆刻图录与相关历史资料后,他们认为这枚印章源于秦朝,是由当时的丞相李斯所刻的。印章上的文字用篆书刻有:"受命于天,既寿永昌。"

上书中,蔡京刻意忽略了李公麟在此事中的作用。但宋朝的官方史书《宋史》"李公麟传"中近三分之一的篇幅都在描述李公麟是如何鉴别这枚玉玺的。当朝中士大夫对这枚玉玺的意义众说纷纭时,李公麟被要求解决此事。李公麟认为:玉石本身来自咸阳地区的蓝田,正是秦朝用来制造皇家印章的玉石。并在解释铭文和篆刻方法时认为,玉玺是在玉石被蟾肪软化后,用昆武刀篆刻完成的,这也证明了印章是由李斯所造[2]。虽然在蔡京的上书中并没有把李公麟记录在内,但可能正是为了表彰李公麟在此事中展现出的博闻强识,他被封朝奉郎。与京城的同僚们相比,这无疑是李公麟平淡仕途中的巅峰时刻。

归返龙眠

据《宣和画谱》中李公麟的传记记载,李公麟入仕数十

---

[1] 李焘,《续资治通鉴长编》(台北,1964年重印),卷496,页2a—4a;马端临,《文献通考》,第一册(上海,1936年),卷115,页1041
[2] 托托等,《宋史》,卷7,页201

年间未尝有一日忘记龙眠山庄的山川和河流。身处开封时，他也经常在假日携一两好友纵情游览城市的庄园与景观，以避免结交权贵[①]。李公麟的一些同僚对他渴望隐居生活并缺乏野心的表现深感诧异。他们也为李公麟未担任要职，仅以画家闻名于世而感到惋惜。黄庭坚有感于此曾为李公麟辩护，他说："伯时丘壑中人，暂热之声名，傥来之轩冕，殊不汲汲也。"[②]李公麟对逃离官场生活桎梏的渴望在他的《山庄图》等画作中得到了很好的体现，再比如他的几幅关于宋朝文人最推崇的隐士陶潜的作品也是如此。

离京前，李公麟在朝中担任的最后一个官职是御史检法。这次的调任得益于董敦逸。董敦逸在地方行政管理方面享有盛誉，1091年被任命为殿中侍御史。董敦逸和李公麟的关系牵扯出一个令为李公麟作传的人都感到头疼的事件。据晁说之（字以道）（1059—1129）所述，1094年，苏轼被贬广东后，李公麟在开封的街上偶然遇见苏轼家属，却并没有和他们打招呼，而是以扇遮面假装没有看见[③]。晁说之将此解读为李公麟背叛苏轼的表现，从而对李公麟产生了强烈的厌恶，还扔了他所收藏的李公麟的全部画作。尽管晁说之对李公麟的行

[①]《宣和画谱》，卷7，页201
[②] 见于《五马图》题跋中，周密，《云烟过眼录》，页40
[③] 这个故事记载于邵博，《邵氏闻见后录》（北京，1980年），卷9，页76

为愤愤不平，但没有证据表明苏轼和李公麟因任何事而不和，他们仍是很好的朋友。那么，李公麟为什么要在开封的街上冷落苏轼家属呢？如果把这一事件放在11世纪末的政治背景中加以理解，答案就浮出水面了。1093年，宣仁太后去世后，她的孙子——年轻的皇帝宋哲宗继位。宋哲宗试图恢复其父宋神宗推行的改革政策，并希望和专横的母亲密切来往的人保持距离，他将苏轼、苏辙、黄庭坚等人放逐到偏远的省份任职。最亲密朋友的政治命运的突然转变使李公麟有充分的理由认为，他本就暗淡无光的仕途很快就会被完全毁掉。于是，他不愿公开承认自己与当时已遭贬谪的苏轼之间的私交，更不愿在街上同苏家人打招呼，当然也可以将之理解为是一种缺乏勇气的表现。

但李公麟避开苏家人可能还有一个更隐晦、或许也更令他感到痛苦的原因——推荐李公麟为御史检法的董敦逸是苏轼的政治死敌。董敦逸在1091年被任命为殿中侍御史后，很快便指责苏轼在一份悼词中措辞不当，冒犯了已故的宋神宗。幸运的是：由于宣仁太后的支持，苏轼洗清了罪名，董敦逸暂时被罢免殿中侍御史的职位。但在1094年，苏轼离开京城时，董敦逸已经恢复官职重新掌权，并开始对苏轼发起新的政治攻击。在街上突然遇到苏轼的家人，可能使李公麟意识到：推荐自己的董敦逸同时也是迫害自己好友的人，于是他小心翼翼地躲在扇子后面。这个细微的举动可能是一种道德上的妥协，似乎表明了即使是超凡脱俗的隐士李公麟，也像他受朋党之争影响的众好友一样，不能免于这场痛苦的政治斗争的干扰。

大约在1097年，在最亲密的朋友们被驱逐出京城后，李公麟最后一次离开了开封，在安徽泗州担任录事参军。1100年，李公麟因病辞官，回到了龙眠山。据说，导致李公麟最后辞官的原因是一种使他右手不能正常活动的病。病情在李公麟辞官时可能已经变得非常严重，且在此之前，他已忍受这种病痛的折磨长达10多年。1088年，黄庭坚在为李公麟一幅画马的作品题跋时，就曾悲伤地叹惋李公麟已因病痛折磨而无法工作。然而次年，像前文提到过的，李公麟已经恢复到可以为陆佃画王安石肖像的程度了。即便在卧病在床的那段时间里，李公麟的精神也集中在艺术创作上。有一次，当他躺在床上痛苦地呻吟之际，手却还在被子上来回比划，如同在画画一样。当家人告诫他不要这样做时，他笑着说这是一个老毛病了，改不掉的[①]。

李公麟生命最后几年的生活情况鲜为人知。他隐居于龙眠山，与他的声名显赫的朋友们分开，再次成为龙眠山中一条沉睡的龙。1106年，李公麟于家中离世。

---

① 《宣和画谱》，卷7，页202

中国艺术中的《孝经图》

班宗华

李公麟图绘并誊录儒家正统经典《孝经》制成《孝经图》（图1）①。《孝经》篇幅不长，由18章构成，采用孔子与其弟子曾子对话体的形式，讨论孝道在个体与社会生活中的含义与实践。

现代学者已将《孝经》文本时间推定为公元前350—前200年，远晚于孔子与他的第一代弟子生活的时间。11世纪，关于谁是《孝经》的作者有三种观点：孔子、曾子或是由一名曾子的弟子如实地传达了两位先贤的对话。11世纪的学者面对的主要问题并不是文本的创作时间或作者，因为以上三

---

① 英译注解版《孝经》见 James Legge, *The Hsiao King,* in *The Scared books of China: The Texts of Confucianism,* pt.1 (Oxford, 1879)。其他关于《孝经》的研究，参见 Mary Lelia Makra, trans. *The Hsiao Ching,* ed. Paul K. Y. Sih (New York, 1961)，特别是序言部分；Richard M. Barnhart, "*Li Kung-lin's Hsiao Ching T'u:* Illustrations of the 'Classic of Filial Piety'" (Ph.D. diss., Princeton University, 1967). pp. 63-66. 关于《孝经》在儒家思想与社会中的角色讨论得最为充分的研究见 Fung Yu-lan, *A History of Chinses Philosophy,* trans. Drik Bodde, 2 vols. (Princeton, 1952-53), vol. 1, pp.357-361

图 1　李公麟　《孝经图》第 12 段局部　《孝经》第十五章

种观点都认为《孝经》是真实的记载。存世的两个版本的优先性以及究竟哪些是"古本"内容才是关键问题，而当时所谓的"现代"版本在如今被认为应是更早的版本。其实两个版本之间的差别并不大，不过几字之差，但"古本"多了一个短小的章节，并被分为 22 段，而非 18 段。尽管如此，包括司马光在内的许多 11 世纪伟大的学者都在争论文本的优先性问题。当鉴定问题被提出的时候，许多学者都支持"古本"，就像一个世纪后的朱熹（1130—1200）一样。

"现代"本或称新本《孝经》有皇室支持的优势。722 年，唐玄宗颁定了新本《孝经》，并亲自为其作序批注。另一个皇室钦定版的《孝经》于 996 年在宋太宗的批准下，由邢昺校订作疏，完成于 1001 年。这个版本加入了更多的批注，也是李公麟所依据的版本。

"孝"是儒家伦理的核心概念，被视作是"德之本也，教之所由生也"（见下文《孝经》第一章）。一些专家认为，孔子从未如此强调过"孝"，他在《论语》中最为推崇的是"仁"。但孔子也明确提到"孝"是"仁"的基础："君子务本，本立而道生。孝悌也者，其为仁之本与？"① "孝"与"仁"是《论语》中最常见的主题，但直到《孝经》出现前，这些概念都没有进一步的发展。西汉时期（公元前 206 年—公元 220 年），

---

① 《论语》1:2，译自 Fung, *History of Chinese Philosophy*, vol. 1, p, 361

"孝"是家庭与国家结构中的核心道德观念。所有汉代皇帝的谥号前都有一个"孝"字,这证明了官方对这一概念的重视。之后历朝历代的官修历史故事中都会包括孝子故事,孝子故事的数量也随历史的发展稳定地增长着。

即使在后世,关于孝的理想也不是空洞的。李公麟的友人中就有以孝行闻名之人。伟大的诗人与书法家黄庭坚就因他无私侍母的孝行成了"二十四孝"故事的主人公。另一位李廌(字方叔,1059—1109)的故事更平淡一些。尽管他颇有写作天赋,但仍选择了推迟自己的事业,直到三代长辈,一共30多位亲属全部安葬并服丧完成。李廌早年便成为孤儿也没有任何收入,这个决定也就意味着长达数年的困窘与个人牺牲。当李廌离乡远游时,杰出的诗人苏轼被其感动并脱衣相赠。

孝的理想激励着各个阶层各个年龄段的人。《孝经》自汉代起便被学童们阅读记诵,其中的准则已深深植入人心,对孝道的推崇也体现在艺术中。

14世纪的学者宋濂(1310—1381)已指出,《孝经》是儒家经典中最常被图绘的文本[1]。现存的实物与文字记载都支持着宋濂的观点。与《孝经》相关最早的作品为4世纪

---

[1] 出自《佩文斋书画谱》(1708),引自 Barnhart, *"Li Kung-lin's Hsiao Ching T'u"*, p.66

艺术家谢稚所作，另一件早期作品完成于南梁时期（502—557）①。尽管这些早期作品可能部分流传到了唐代，但并没有任何形式的作品传至宋代。至少在宋代的文献记载并没有提到任何早期的作品。现存最早的《孝经图》就是今天所见的李公麟的《孝经图》，为现存9件《孝经图》之一。

这批存世的《孝经图》十分有趣，首先，作品的时间从11世纪一直横跨到18世纪，为这800年间中国叙事绘画的发展提供了一个可资观察的实例，也体现了经典图像在后世不断变化的过程。以下为9件《孝经图》的简要情况：

1. 大都会本李公麟《孝经图》，绢本墨色，略有着色。现存14段，描绘除《孝经》第一章外所有章节的内容。现藏纽约大都会艺术博物馆②。

2. 大都会本《孝经图》的摹本，纸本墨色，作于17世纪大都会本被破坏之前。18段图画与文本皆全，附有李公麟题

---

① 关于谢稚本《孝经图》的相关记载见于张彦远，《历代名画记》（上海，1963年），卷5，页121。梁代《孝经图》记于《隋书》中，引自郏庆时，《孝经通论》（上海，1934年），页85
② 大都会本《孝经图》见于 Barnhart, "Li Kung-lin's *Hsiao Ching T'u*", 也见于 Hironobu Kohara, ed., *Bunjinga Suihen* (Tokyo, 1976), vol.2, pp.82-82; Kei Suzuki, *Chūgoku Kaigashi* (Tokyo, 1981), vol. 1, pp.320-321; Richard M. Barnhart, *Along the Border of Heaven: Sung and Yüan Paintings from the C.C. Wang Family Collection* (New York, 1983); and Wen C. Fong, *Beyond Representation: Chinese Painting and Calligraphy, 8th-14th Century* (New York, 1992)

跋摹本。见图5、图8、图12。台北故宫博物院藏①。

3.《孝经图》的部分摹本，包含5段图画与6段文字，绢本墨色。绘制水平较高，可能直接临摹自原作，被归为元代（1206—1368）作品，见图2。上海博物馆藏②。

4. 册页本《孝经图》，包含15段绘画与文字，传为12世纪画家马和之作，绢本设色。最初为手卷，后被裁切重裱为册页。实际并非马和之所作，但可能出自与马和之同时代或稍晚的宫廷画家之手。18世纪宫廷画家金廷标所摹的《孝经图》（下述标号9）中保留了此本中遗失的3段，见图10。台北故宫博物院藏③。

5. 南宋或元代（12—14世纪）《孝经图》手卷，绢本设色，包含9段图画与文字，传为7世纪绘画大师阎立本所作。辽宁省博物院藏④。

6. 赵孟頫（1254—1327）款的18段《孝经图》手卷，绢

---

① 《故宫书画录》（台北，1965年），卷4，第31页，也见于Barnhart,"Li Kung-lin's Hsiao Ching T'u", figs. 23-40

② 《中国古代书画图目》（北京，1987年），卷2，页127

③ 《故宫书画录》，卷4，页164—44

④ 现藏辽宁省博物馆的传阎立本《孝经图》并不早于12世纪，也与宋之前的任何作品无关。这证明了Barnhart, "Li Kung-lin's Hsiao Ching T'u" 注110中的猜想，李公麟的《孝经图》与任何早期版本无关。辽博本《孝经图》彩图见《中国美术全集·绘画编》（北京，1988年），卷4，第33件作品，页50—51

图2 佚名（14世纪） 传为李公麟作 《孝经》第十五章内容 手卷 绢本墨色 21.4厘米×158厘米 上海博物馆藏

本墨色，台北故宫博物院藏[①]。

7. 1308年刊印的《新刊全相成斋孝经直解》，包含18段文本与白话翻译以及15幅木刻版画，见图3[②]。

8. 仇英（1494—1552）本18段《孝经图》手卷，文徵明（1470

[①] 台北故宫博物院，《赵孟頫〈孝经图〉卷》（台北，1956年），其中的画与书法都是赵孟頫早期遗失《孝经图》的摹本
[②] 贯云石，《新刊全相成斋孝经直解》（北京，1308年；北京，1938年重印）

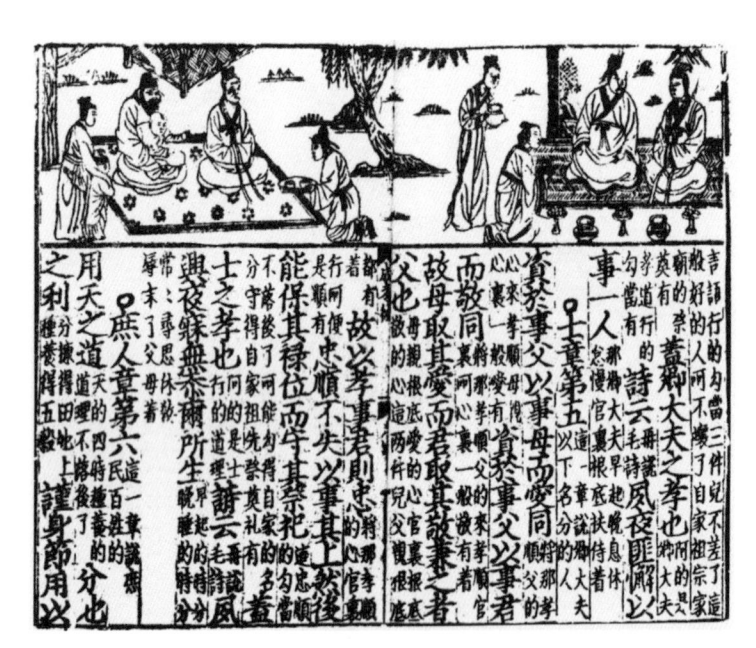

图3 《新刊全相成斋孝经直解》第五章与第六章 1308年 木刻版画本《孝经图》

—1559）题书，绢本设色。据文徵明题跋，此卷摹自宋代王端的《孝经图》。画面与上述标号4、5的版本有相似处，但不完全相同。台北故宫博物院藏[①]。

9. 金廷标本《孝经图》，18段手卷，摹自"马和之"本《孝经图》（上述编号4）作于前者遗失3段之前，可能在"马和之"本《孝经图》被裱为册页之前所摹，绢本设色。台北故宫博

---

① 《故宫书画录》，卷2，页297—298

物院藏①。

文献记载中还有李公麟传派丁晞颜所作的《孝经图》，但今已不存②。总之，图绘《孝经》的传统始自李公麟。

后文分析李公麟《孝经图》时将会参考其他版本，特别是台北故宫博物院藏的18卷完整本《孝经图》，从中我们可以窥见原作遗失的段落。总的来说，李公麟《孝经图》与后世版本的关系属于经典原型与后代传本之间的关系，只不过面貌不尽相同，有些类似于音乐中主旋律与其变奏曲的关系。大都会本《孝经图》是9个版本的《孝经图》中唯一独创了构图与主题的作品，建立了自己的形式与风格并传达了艺术家的思想。相比之下，后世的版本都有一种机械化生产的感觉，仅在一些的表面细节而非本质上存在着差别。而李公麟《孝经图》的独特之处在于图释了经典，并从人类活动、价值观、民众、政策和艺术家自己时代事件的角度重新为《孝经》作注。换句话说，如果说李公麟《孝经图》是最高等级的艺术创作，那么其他的版本仅是它的回响。

现存的李公麟《孝经图》残卷长473厘米、高21厘米至22厘米之间（因为作品上下有撕扯，所以高度不定），卷后

---

① 金廷标本《孝经图》记于《石渠宝笈汇编》（1793年，台北故宫博物院，1969—1971），页1474

② 周密，《云烟过眼录》（《美术丛书》本），《艺术丛编》（台北，1962年），页45

题跋总长约48厘米。绢面在几个世纪的开合中已磨损发黑，现在呈深褐色，偶有呈淡绿色处，如同过度氧化的青铜器一般的颜色，更展现了手卷的庄严性。绢面整体都遭破坏并已经多次修复，另有多处重绘并润色。

近期《孝经图》被彻底清理修复，早期的润色重绘过的部分已被尽可能地去除（修复过程见本书附录2）。

在最初的版本中，《孝经图》包括18段图画以及18章相应的文本，各章文本都附于相应的图画后。文本与图画用两三道直尺所画的直线分割开来。这些现已呈弯曲状的直线恰好反映出绢面所受的损伤。17世纪之前，《孝经图》开端的部分——包括开头的两段图画、第一章和第二章的部分文字以及第六章的图画就已遗失。手卷的尾端也遭到不同程度的破坏，图画的上下端与其后的文字都不见了。最初连续的绢面也在第6段处断开，仅剩部分绢丝相连。卷尾一块残绢上有"公麟"题款，其下断绢上有一字迹难辨的印章（图4）。在强光下，印章的第一字依稀可辨，应为"李"。

几个世纪以来，《孝经图》都处于这样一个残破的状态。但在今天，当展开画卷之时，画面上那些如同幽灵般的小人仍在上演着属于古老文明的仪式，给人一种奇怪的欣慰感。《孝经图》的传世可以称得上是一个不可思议的奇迹。

画面用白描手法，纯以墨线勾勒而成，有少量的墨色渲

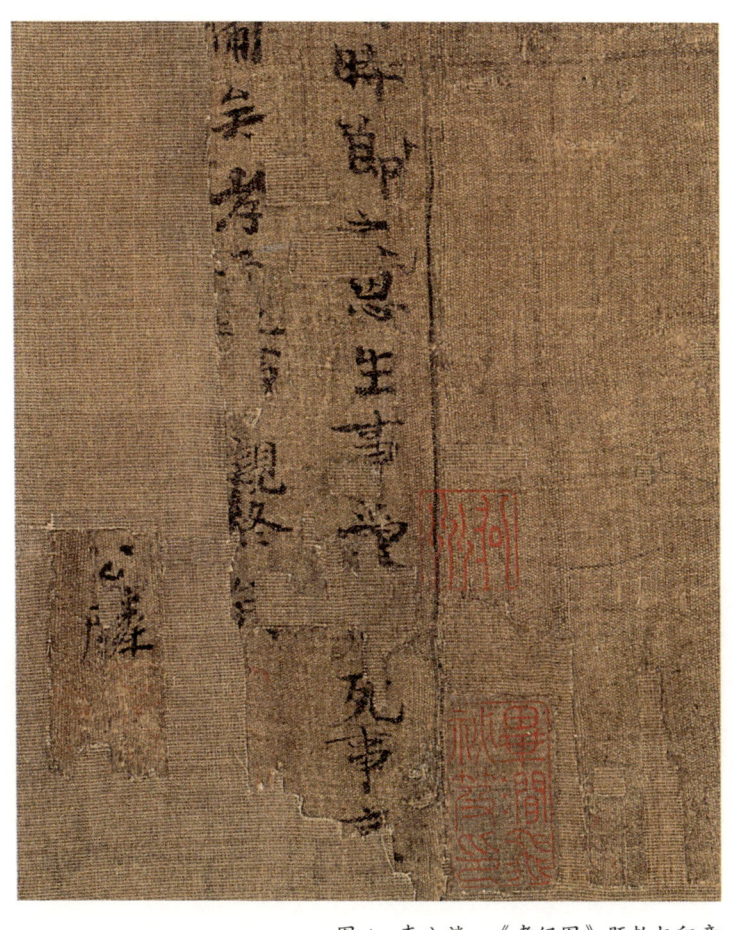

图4 李公麟 《孝经图》题款与印章

染与朱砂和淡绿色笔迹。但如今朱砂和淡绿色泽已几近消失，仅存一些几不可见的痕迹。作为一件白描作品，《孝经图》呈现出极为丰富的色调，明确的墨线与多重浅淡的渲染形成了强烈的对比。画面中的每一个人物都描绘细致并准确地表现出了其个性与社会阶层，从皇帝到乞丐，每个人物形象都真实可辨。建筑、器物与风景图像居于次要地位，人物的形象在画面中始终是最为重要的。

《孝经》的文字内容以小楷书成，"敬"字出现23次，每个字都缺最后一画。"让"与"匡"各出现一次，也均缺最后一画。"匡"是宋代开国之君宋太祖（960—995在位）名讳；"敬"是其祖父名讳，"让"则是宋英宗（1064—1067当朝）生父名讳。在一般情况下，宋人会换字以避免冒犯皇族，但在《孝经》这一儒家经典的文本中，仅以减笔避讳。后世的书写者是很少会注意到这些细节的，但他们通常会不自觉地避本朝之讳，这也就暴露了他们所处的真实年代。例如，在台北故宫博物院藏的《孝经图》摹本中，就没有出现宋代的避讳情况。

手卷中的书法令人想起六朝（4、5世纪）书风。这种古典而内敛的书风完美地补足了绘画，如果非要追溯至某种传统的话，那么其简练而文雅的风格让人联想到4世纪顾恺之的《女史箴图》。与李公麟同时代的人将其书法与东晋（317—420）和北魏（386—534）的书法大师相比，其绘画作品则可与顾恺之（约344—405）和陆探微（活动于5世纪晚期）相提并论，李公麟的人品也颇似魏晋狂士[1]。

---

[1]《宣和画谱》（初版于1120年），俞剑华点校（北京，1964年），页132

大都会本李公麟《孝经图》在董其昌（1555—1636）于17世纪初收藏之前的流传情况不明。仅有一个1230年或1290年款的早期的题跋，署名"汗漫翁"，其人不可考。"汗漫翁"款的跋文内容与1167年出版的李公麟传记相近，其书法则流畅典雅、充满生机，与南宋书法家张即之（1186—1266）风格相类。自17世纪到20世纪，一系列的藏家为此图作跋。董其昌为《孝经图》题跋四段，最晚一段作于1609年，1603年他曾将画中的一段李公麟跋文录入他的法帖集《戏鸿堂帖》。之后的收藏者毕泷在18世纪最后10年间为《孝经图》题跋6次，另一位18世纪的收藏者则为《孝经图》建"孝经堂"用以藏画。《孝经图》于19世纪被翻刻，拓片广为流传，吸引了更多的追慕者。本书附录一中总结了相关的流转记载。

尽管并没有更进一步的资料说明《孝经图》在1085年绘成到17世纪初被董其昌收藏这期间画作的情况，但《孝经图》作为李公麟的名作，其名声数百年不坠。从李公麟的友人苏轼开始，诸多诗人、画家、学者与收藏家都曾得见、拥有、题跋过李公麟的《孝经图》及其摹本。从文献记载来看，李公麟的《孝经图》是中国文化与历史的重要里程碑。从15世纪晚期陆完（1485—1526）的题跋中可见，在上千年的时间里，《孝经图》对那些曾得见或研究过它的人产生的影响：

龙眠居士图孝经，虽曰随章摭其一二，然自天子以至庶人，威仪动作之节，舆夫郊庙之规模，闾里之风俗，器物之制度，畜产之性情，亦略备矣。东坡谓其神与万物交，其智与百工通者。览之可想虽然龙眠画赞者多矣，至于书史称妙绝，而见者不多。今睹其笔势若清庙既陈，而君子佩玉趋跄于其间。清和简肃犹有晋宋间人气韵，当时以书名者未必能如此也。[1]

---

[1] 卞永誉，《式古堂书画汇考》（台北，1958年），卷12，页 1a—2a；也见于 Barnhart, "Li Kung-lin's Hsiao Ching T'u", pp.38-39

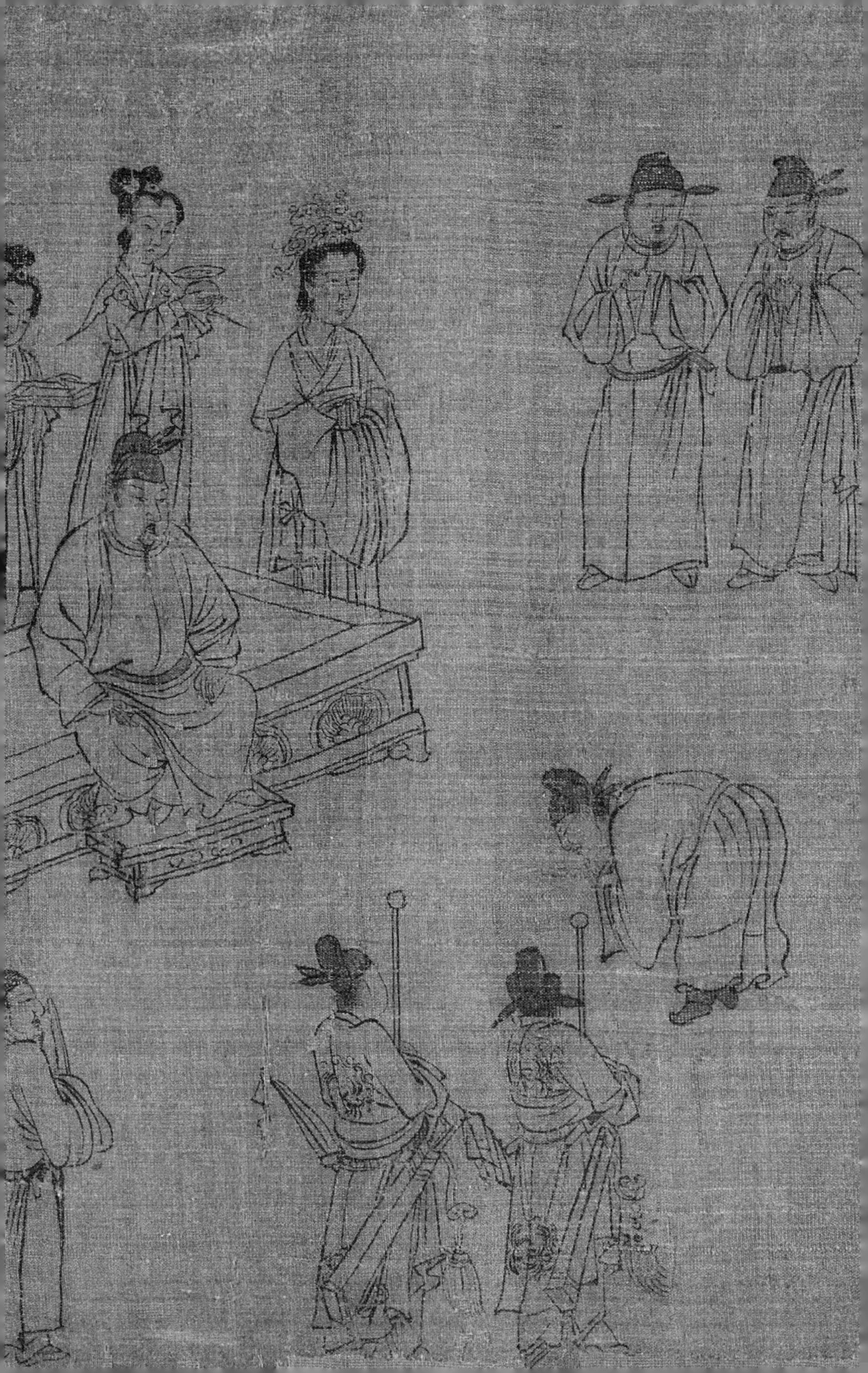

第一章　开宗明义

仲尼居，曾子侍。子曰："先王有至德要道，以顺天下，民用和睦，上下无怨。汝知之乎？"曾子避席曰："参不敏，何足以知之？"子曰："夫孝，德之本也，教之所由生也。复坐，吾语汝。身体发肤，受之父母，不敢毁伤，孝之始也。立身行道，扬名于后世，以显父母，孝之终也。夫孝，始于事亲，中于事君，终于立身。《大雅》云：'无念尔祖，聿修厥德。'"

李公麟为《孝经》第一章所作的图画已经遗失了，应该是在手卷不断地开合的过程中被破坏了，包括开篇两幅图画以及第一章和部分第二章的文字内容。台北故宫博物院藏的两件《孝经图》尽管都是缺乏想象力的摹本，但均绘制于《孝经图》卷被破坏之前，因而完整地保留下了已经遗失的部分（图5）。在第一章的画面中，孔子坐于矮榻之上，向他的弟子传讲孝道。10名弟子环榻而坐，曾子稍远，面向孔子而坐，并向孔子发问。孔子右手微抬，应是正在阐明孝道。

所有的证据都指明是李公麟本人为每一章节选择构图，并决定依哪些文字重点作画的，所以我们可以将《孝经图》看成是对文本的注解，也是对孝道与宋代社会的一种个人关

图5 佚名（约14世纪） 传为李公麟作 《孝经》第一章"开宗明义" 手卷 纸本墨色 20.5厘米×702.1厘米 台北故宫博物院藏

照。从这个角度来看，《孝经图》所提供的不仅是对11世纪中国生活的观察，也是李公麟自己对传统与他所处时代的社会现实的反思。

在画作的开端，李公麟就展示了《孝经图》中一以贯之的主题，即从群体中分离出的个人形象。最受孔子喜爱的弟子曾参在此处被孤立出来，独自回应孔子。当然，仅有一个弟子向孔子询问如此重要的问题似乎是不合理的，所以当孔子回答时，曾子仅是恭谨地垂目而坐。李公麟似乎在此处与后面的画作中都在传达一个认知，即在一个看重家长制的父权家庭与集体的社会中，个人将承担着巨大的压力。李公麟属于仕宦阶层，出身于一个被剥夺了所有特权的贵族家庭。在李公麟一生漫长但并不成功的仕途生涯中，他始终为小吏，并可能一直伴随着究竟应当为国尽忠还是应当投身艺术与学术探索的内心拷问。

在这段图画中还有一些值得关注的地方，中国伟大的教育家孔子在许多方面是不同于他的弟子的。虽然孔子坐在略高的矮榻上，与身边的弟子形成了一个紧密的整体，但仅有他一人戴着黑色的帽子，身形也比弟子要略微大些，李公麟在这里使用了描绘帝王的方法来表现孔子的形象。这一点是可以理解的，因为孔子很久之前就已被中国皇帝抬升到了至高尊师的地位。孔子代表了宋代教与学的理想，人们可以通过才智与学习获得知识，社会也可以因之有效运行。

在《孝经图》之前，并没有用如此方法描绘孔子形象的传世作品。早期的孔子像如传统功臣像或学士像一样为立像形式[1]。而李公麟并没有采用这种正式且面向公众的构图方式，却参考了其他的图式：其一是唐宋时期的《维摩诘像》，其中的维摩诘形象一般也坐于榻上，所穿的服装正与《孝经图》中的孔子的服饰相近。如图6就是传为李公麟作的《维

---

[1] 如唐代功臣像和宋代学士像，前者见《文物》1960年第4期，页61—69；后者见 Mary Gardner Neill, *The Communication of Scholars* (New York, 1982), pp. 97-100

图6 （传）李公麟 《维摩诘像》 手卷 绢本墨色 89厘米×51.3厘米 日本京都国立博物馆藏

图7 （传）王维 《伏生授经图》 手卷 绢本设色 25.4厘米×44.7厘米 日本大阪市立美术馆藏

摩诘像》，但这可能是一个与李公麟已遗失原作相距甚远的摹本[1]。

其二类图像传统为汉代大儒伏生的形象，伏生在秦始皇（公元前259年—公元前210年在位）焚书之后，依记忆传经。在传为王维所作的《伏生授经图》(图7)残卷中，伏生面容枯槁，他前倾着身体，向对面的跪坐的官员指明手中所持的书卷中的文字，对面官员的形象现已不存，但据后代版本，

---

[1] Osvald Siren, *Chinese Painting, Leading Masters and Principles,* 7 vols, (New York, 1956-1958), vol. 3, pl. 199

其形象正如跪坐于孔子对面的曾子一样①。

李公麟借用上述传统构图，将孔子及其弟子紧密地安排在一起，又将曾子的形象分离开来，强化了内在的戏剧性。在这里，仅允许从孔子与曾子之间面向观者的空间为视角切入画面。曾子、孔子与画面左下角的孔子弟子构成了一个平行四边形的三个顶点，让我们仅能从平行四边形的另外一个顶点处进入构图。观者在这里被转化为一个小型私密剧场的观众，几乎就坐在了舞台之上，与其他演员保持一个触手可及的距离。

李公麟最伟大的成就无疑是创造了一种能让观众近距离融入画面故事的手法。我们将从卷首开始，追溯着孔子的教诲一路前行。

---

① 15世纪画家杜堇本《伏生授经图》，现藏纽约大都会艺术博物馆，见 Christie's, New York, *Fine Chinese Paintings, sale cat.*, June 5, 1985, lot 8

第二章　天子

子曰："爱亲者，不敢恶于人；敬亲者，不敢慢于人。爱敬尽于事亲，而德教加于百姓，形于四海。盖天子之孝也。"《甫刑》云："一人有庆，兆民赖之。"

《孝经》中的每一章都是关于孝道的不同论述，并以中国传统社会中严格的等级制度排序。在"开宗明义"之后，《孝经》首先规范了帝王的孝道。台北故宫博物院藏的摹本中保留了大都会本李公麟《孝经图》所遗失的这一段（图8），画面中一名身形肥胖的帝王在两名侍从小心翼翼地搀扶下，颤颤巍巍地弯下身子，在他的母亲面前下跪以示孝道。周围20名男女侍从面无表情地面对着如此场景。中国的帝王当然可以用一种不这么戏剧化，至少更真诚一点的方式来表达对母亲的爱与尊重。而画中身形肥胖，衣着繁缛的皇帝却在夸张的保护下，在数十人面无表情地注视下被搀扶着下跪行礼，好似在对相比之下如此简练的文本提出的一种尖锐且颇具讽刺性的批评。画家似乎是在暗示，在画家委身多年的官场中，只有最吸引眼球的姿态才能留下印象，只有最戏剧化的仪式才能传达意义。相比之下，在《孝经图》其他描绘家庭团聚

图 8　佚名（约 14 世纪）　《孝经图》第二章"天子"　手卷　纸本墨色　20.5 厘米 ×702.1 厘米　台北故宫博物院藏

的场景里，细微的动作与真挚的交流就够了，已足以传达意义。这都因为君王是被效仿的典范，君王的各种身份角色需要向公众公开展示，其中之一就是作为母亲儿子的身份。在中国历史中，在位的君王与母亲的关系总是需要仔细斟酌的，因为其他许多关系都是自其中衍生出来的。

皇太后居住在一个单独的宫殿中，这里仅限女性与宦官进出。大量的女官服侍着太后，她们像男性官员一样被划分成不同的等级，拥有不同的职责与薪酬，并受制于具体的管理结构。皇帝觐见太后需要提前协商与认真准备，也就产生了画面中所描绘的场景。大量旁观者的在场保证了相关信息可以传达给预设的受众。在一个庞大的官僚组织网络的中心，皇帝必须满足众多利益集团的需求，他的行为总会产生潜在的影响，因而一举一动都会受到大众的关注。

很明显，李公麟想借这段画面传达的是这种仪式的虚伪与空洞。皇帝的身形如此的肥胖，满脸虚伪的假笑，没有侍从的帮忙他甚至不能自己下跪。太后则以优雅和无限的耐心，注视着帝王谦卑地行礼。李公麟刻意空出了画面中心，这并不是禅画中的留白，而是这类仪式的空洞本质的象征。

相比之下，李公麟的风格代表了一种美学上的低调，也即所谓的"平淡"。李公麟无色的画法"白描"指的是纯以平实且无色的线条作画的方法。这种画风与当时流行的人物与故事画风形成了鲜明对比，后者表现为清晰而华丽的场景、丰富的色彩、繁缛的装饰细节，以及夸张的表情和人物姿态。

北宋晚期，大约就是1085年李公麟绘制《孝经图》的时期，开始流行一种简单化的绘画风格，在人物衣着、器物、装饰、设计与其他诸多方面都趋于内敛①。与美学上的"平淡"相似的转折也发生在艺术与文学领域，一些书法、画家与诗人都在此时开始探索在形式与风格上都趋于简化的崭新风格②。这种改变的影响涉及方方面面，从音乐到瓷器再到文学乃至宫廷仪式，都反映出了一种渗透宋代社会各个层面的"新古典主义"，这种风潮源自一种在当时被认为是属于前代的朴素与简练。

李公麟《孝经图》正是展示这种趋向的艺术作品之一。《孝经》第二章"天子"一节的潜在主题，正是社会各个阶层中的虚伪仪式的空洞本质。

---

① 宿白，《白沙宋墓》（北京，1975年），页80
② 关于南宋美学理论，特别是关于"平淡"的讨论见 Jonathan Chaves, *Mei Yao-ch'en and the Development of Early Sung Poetry* (New York and London, 1976), pp. 114-132. 其中"平淡"被翻译为"even and bland"。也见于 Susan Bush, *The Chinese Literati on Painting Su Shih (1037-1101) to Tung Ch'i-ch'ang (1555—1636),* Harvard-Yenching Institute Studies 27 (Cambridge, Mass., 1971), pp. 22-28, 67-74

第三章　诸侯

在上不骄，高而不危；制节谨度，满而不溢。高而不危，所以长守贵也；满而不溢，所以长守富也。富贵不离其身，然后能保其社稷，而和其民人。盖诸侯之孝也。《诗》云："战战兢兢，如临深渊，如履薄冰。"

诸侯在古代中国是皇帝的儿子、继子、兄弟以及其他被恩封者，他们往往具有皇室血统，分享着帝国的权力与特权，即使只是象征性的。他们通常是皇帝的子女，也会代表君王在文治与武功方面发挥着重要作用。每位诸侯都拥有宫殿般的府邸，因其爵位而享有大量的财富，行使着仅次于皇帝的经济、政治与军事方面的权力。事实上，诸侯往往是奢侈、贪婪且充满破坏性的人物，却拥有着大量的财富和近乎无限的权力。在《孝经》的章节顺序中，关于诸侯孝道的讨论紧跟在天子的章节之后。尽管表面上已产生了巨大的结构性变化，但《孝经》中描述的公元前两三百年中国社会政治和世袭结构仍然适用于宋代，李公麟正是在此时将相关的道德观念与泛化的孝道用视觉的方式再现。这或许意味着宋朝大肆吹嘘的社会、经济和政治进步，实际上并不是现代人文学者所想象的模样①。李公麟的绘画似乎直接指向了集中于少数人群之手的世袭财富和特权与普通人（也包括文人在内）的生活环境之间的矛盾。李公麟在这种二元社会中的位置是模糊的，他出身于曾显赫一时的皇族，但一生都与普通的艺术家、文人和诗人为伍。

在《孝经图》第三章"诸侯"一段的图画中，皇帝在百姓面前乘车而过，他的臣民们集中在画面左下角的角落里（《孝经图》第1段，图9）。其中一名村民虔诚地抬头而望，另外两名村民则手挽着手，恭谨地垂首。但画面中又描绘了一名拄着拐杖的老人，他完全无视地自诸侯的仪仗队伍旁走过，一个跛脚的人甚至还对着皇帝愤怒地举起了拳头。在形式上，这些弱小的、无助的群体，几乎被帝王及其随行人员的力量与威仪完全压倒了。

面对着对其地位和特权的潜在威胁，诸侯也需要忧患并心怀谨慎，如文中所说的"如临深渊，如履薄冰"。画面中的诸侯被一群士兵包围并保护着。领头的军官似乎要拔出他的剑，他充满怀疑地盯着那群衣衫褴褛的人。在李公麟的作

---

① Patricia Ebrey, "The Dynamics of Elite Domination in Sung Chia", *Harvard Journal of Asiatic Studies* 48, no. 2（1998）, pp. 493-519. 也见于待发表的论文 Valerie Hansen, "Using Art as Evidence: What the Qingming Shanghetu Scroll Reveals about Twelfth-Century China", 见于1991年美国新奥尔良举办的亚洲研究学会年会

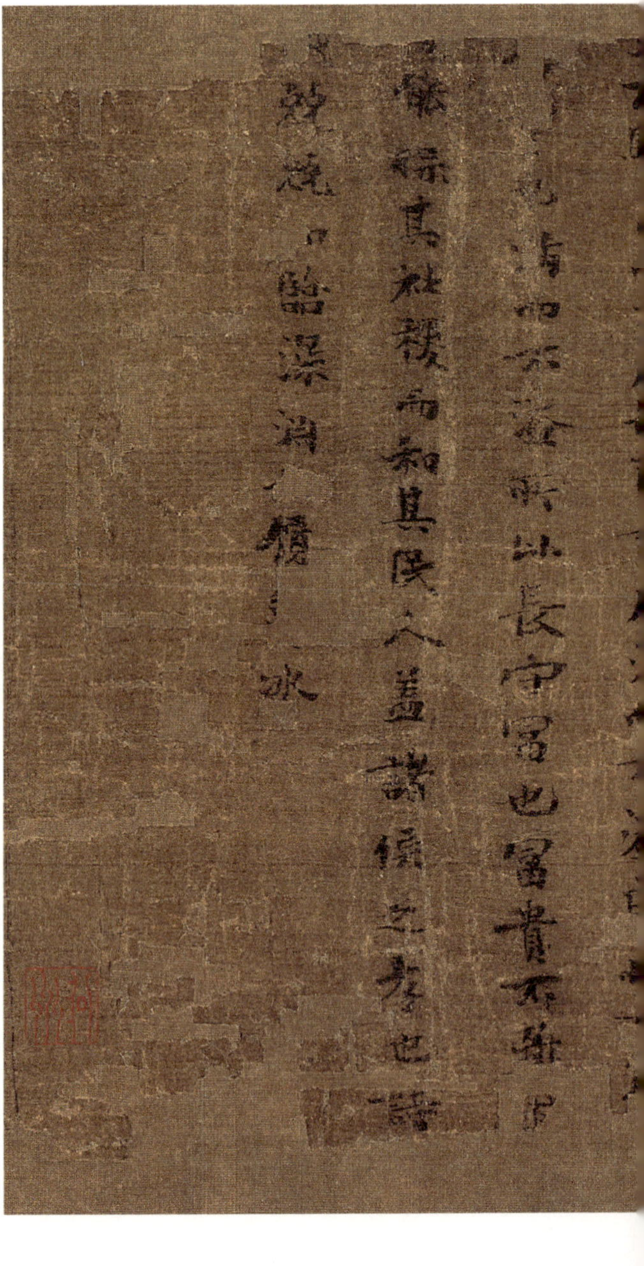

图9 李公麟 《孝经图》第1段 《孝经》第三章"诸侯"
约1085年 手卷
绢本墨色
21.9厘米×475.5厘米
原为唐氏东亚艺术研究中心收藏,由唐骥千与唐骝千捐赠大都会艺术博物馆(L.1990.3.1)

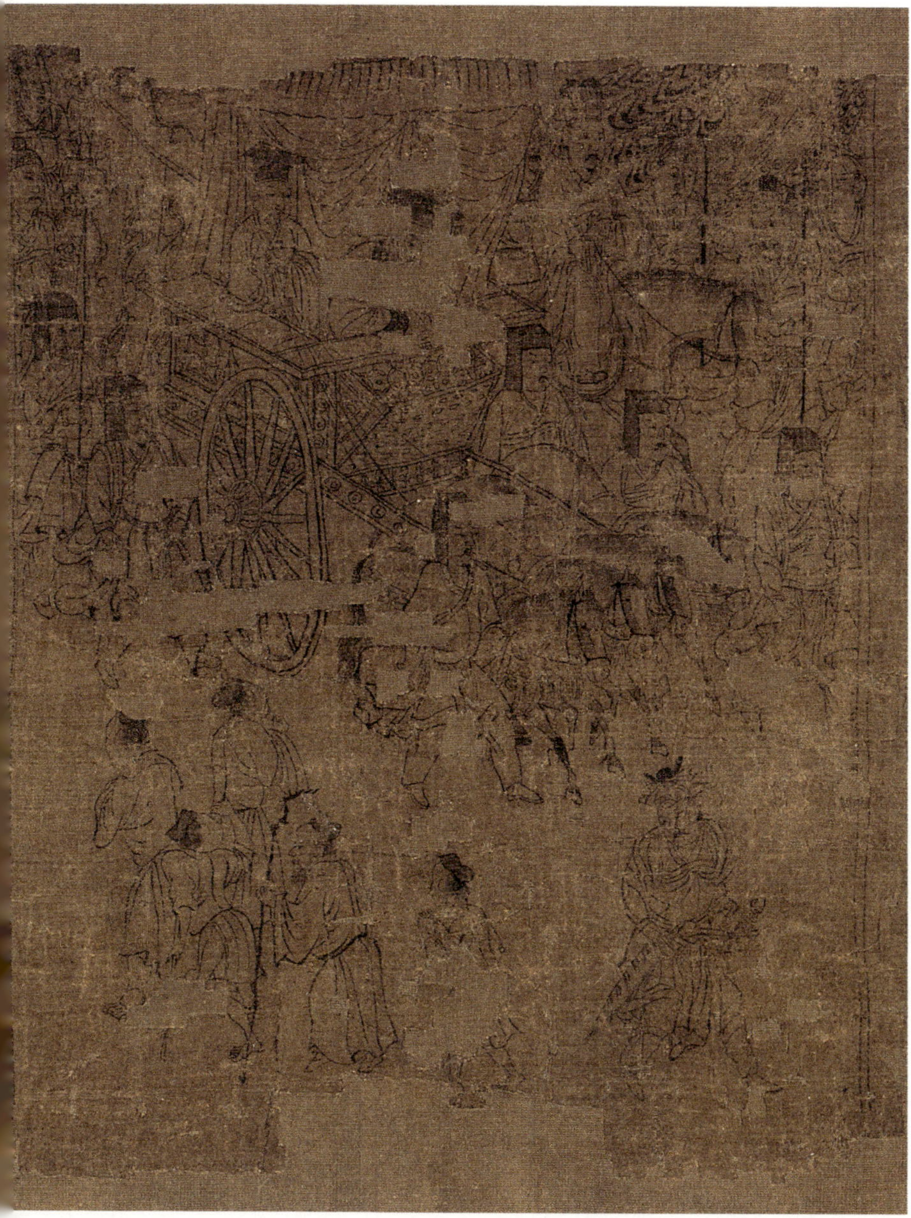

品中，很明显百姓是没有能力威胁诸侯的。诸侯则"在上不骄，高而不危"，作为一个热心且充满智慧的人，关心着百姓们（即使是最贫穷的民众们）的福祉。在诸侯的身后还坐着一位看上去身份高贵的老人，他的存在强化了关于人文关怀与人道尊严的理想。但在他们周围却聚集着权力的象征元素：士兵、武器、马匹、马车、旌旗和制服——这所有一切都只有一个目的，那就是保护居于上位的诸侯在任何时候都不会受到意外伤害。

《孝经》最为重要的主旨是维护皇权的正当性。李公麟在画作中也并非要批判这种制度本身，仅是对权力的超限与滥用有所微词，于是在他的《孝经图》中特意凸显了维持世袭特权所需付出的代价。

在描绘诸侯时，李公麟借鉴了早期的圣贤和思想家的形象。最重要的代表作之一可能是现存日本京都真如堂（真正极乐寺）的一幅肖像画，绘制的可能是道家的老子或佛教的普贤菩萨（图10）①。从这类图画中李公麟可能发现了之后被描绘于《孝经图》中的诸侯关切的情态与自车头前倾的姿势。至于卫队随从的样式，李公麟肯定在自己的日常生活中观察过，而百姓的生活，则是任何有心之人都可以看到的。事实上，

---

① *Sodai no Kaiga: Tokubetsuten/Song Paintings from Japanese Collections[s]* (Nara, 1989), cat. 58, p.93

图10 佚名（约11世纪）《普贤菩萨像》 立轴 绢本水墨 131.8厘米×54.4厘米 日本京都真如堂藏

李公麟无须引入百姓一类的人物形象，除非他特别希望可以从权力上下关系的角度来理解百姓。因为他本可以简单地向我们展示一位践行着"制节谨度"的诸侯形象。

在这一幅画面中，即李公麟《孝经图》现存的第1段图画中出现的都是李公麟绘画艺术中的基本元素。画面的上方三分之二的部分都以稠密的线条与墨色渲染绘成，表现出诸侯卫队的壮观场面。通过这种在视觉上丰富而沉重的形式，李公麟将画面下方的人物与上方的景象区别开来，在极度不平等的群体之间制造出了一种紧张气氛。

通过强调普通人民的贫穷、脆弱和渺小，他在呼吁人们进一步关注居于上位者其实占有着过度的财富和权力。

《孝经图》"天子"一段中的自然笔法在佚名摹本的第1、2段中是见不到的。李公麟以一种轻松的笔调，缓慢而自然地描绘出生动的人物。其中最值得注意的是李公麟那自信的手法，因为这幅画作是直接在绢面上完成的，并没有草稿或其他准备。事实上，《孝经图》更像是一幅草图，而不是一件完整的作品，可能属于为后来更完善的版本做的试验，或是为其他形式的作品做的底稿，比如书籍的木刻版画插图。

第四章 卿大夫

非先王之法服,不敢服;非先王之法言,不敢道;非先王之德行,不敢行。是故非法不言,非道不行。口无择言,身无择行。言满天下无口过,行满天下无怨恶。三者备矣,然后能守其宗庙。盖卿大夫之孝也。《诗》云:"夙夜匪懈,以事一人。"

在《孝经图》"卿大夫"一段中,李公麟进一步扩展了在"开宗明义"一段中所描绘的教与学的形象。画面中,皇帝高坐榻上,卿大夫们聚精会神地聚集在皇帝身后,就像开头一段中描绘的孔子的弟子们一样(图11)。或许这种相似性不是一种巧合,事实上,画面中11名卿大夫的位置正与孔子的11位弟子如出一辙。皇帝面前,右丞相正下跪行礼,中国左、右二丞相的权力结构中所对应的左丞相则站在王座的左边。在这幅描绘理想的统治者和他臣子的画像中,我们所看到的是古代君王所批准的服装,所听到的是古代君王的话语,所观察到的是古代君王所认可的臣子的榜样性行为。

尽管如此,画面中仍有一种危险、被暴露的且令人恐惧的感觉,我们有充分的理由相信,李公麟完全熟悉那些北宋宫廷政治中的紧张局势、个人与党派的斗争、阴谋以及对个

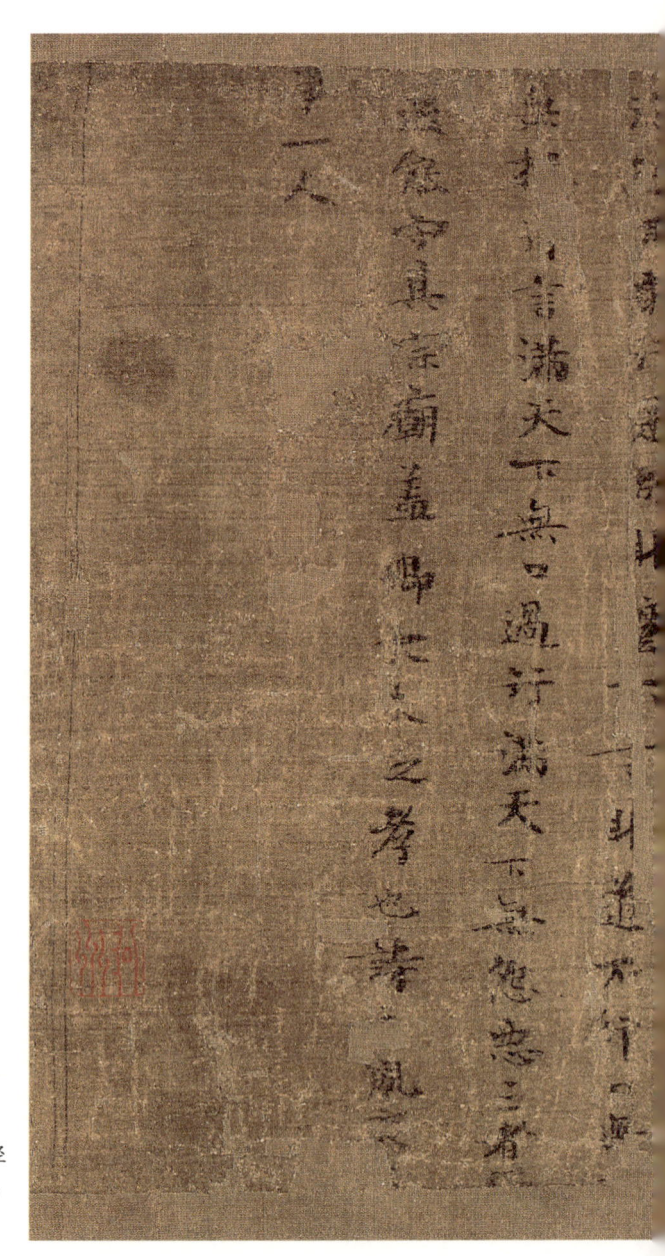

图11　李公麟《孝经图》第2段 《孝经》第四章"卿大夫"

王之法服不敢服牛毛

人利益的追逐。孔子的弟子只是安静而专注地坐在孔圣人周围，但皇帝身后的高官们却像盾牌一样站着。其中一人手持兵器，准备在任何会威胁到统治者的情况下使用它。俯首叩头的右丞相则完全暴露在皇帝的权威以及同僚们充满警惕的目光下。臣子中风行着恶毒的诽谤与恶意的影射，他们中的任何一个人都可能因君王一时兴起而被替换。政府始终依赖于进谏、举荐与监察制度的可靠运行。但即便在最好的情况下，这也是一个十分困难的要求，在面对野心与腐败时经常会遭遇失败。李公麟在这里帮助我们看到的是朝廷在有效的统治和党争之间维持着摇摇欲坠的平衡。李公麟自己就生活在这样的社会现实中，他的朋友中既有支持变法的，也有反对变法的，这些人都致力于延续古代君王的理想。《孝经图》中到底蕴藏了多少真实的政治斗争情况有待进一步讨论，但毫无疑问的一点是：李公麟想要我们看到图中的右丞相正面临着的危险，他将自己的头深埋肘中，匍匐在帝王脚下，所面对的是朝中所有的官员。

如果将李公麟的《孝经图》与另一位画家笔下的《孝经图》进行比较，我们可以看到李公麟是如何有效地传达这种对抗性及其潜在危险的。这一版本的《孝经图》（图12）应为12世纪的宫廷画家所作，之前被归至马和之（活跃于12世纪下半叶）名下。总的来说，虽大致依照李公麟所创立的图式，但

图12 （传）马和之 《孝经》第四章"卿大夫" 15页册页本 绢本水墨 尺寸不定 台北故宫博物院藏

这位12世纪的画家描绘了一个更宽广的景象，其中充斥着宫殿般的建筑、树木、湖石和园林植物。李公麟还将场景进一步推后，并在前景的焦点外加入了游廊和一个开放的宫殿式建筑。但这里其实已经无所谓画面焦点了，我们所看到的是在一个精心设计的园林中举行的一场集会。在画面的最左边，重重立柱之后端坐着现在几乎已无足轻重的皇帝。四名持械侍卫站在高高的王座前，右丞相在他们之间的位置叩头。皇帝端坐的大殿上除了三名随侍外，只有左丞相鞠躬的身影。

李公麟的作品则有着截然不同的效果。除了帝王所坐的榻外，没有其他道具，也没有任何关于场景或地点的描述。没有建筑、没有花园，也没有任何关于具体位置的暗示。我们就是简单地身处于皇帝面前，这是唯一重要的地点。在这一想象力的飞跃中，李公麟舍弃了一切无关的东西。当然，帝王并不是孤立存在的；李公麟在画面加入了一个由官员和侍卫组成的强大的侍驾队伍，他们的存在传达出一种幽闭、恐怖与威严的感觉。匍匐于帝王脚下，就是将自己的生命交给了不可预知的命运。

在这里，我们会再一次发现李公麟绘制作品时的随性，甚至有些看似粗心的细节表达——一些精心描绘却并非正规的陈设，例如皇帝所坐的榻——我们也有理由进一步怀疑，现存的李公麟《孝经图》不是一个完整作品，而是一幅已不存在的、本应更精致更正式的版本的草稿——如果它真的曾经存在过的话。

第五章 士

资于事父以事母，而爱同；资于事父以事君，而敬同。故母取其爱，而君取其敬，兼之者父也。故以孝事君则忠，以敬事长则顺。忠顺不失，以事其上，然后能保其禄位，而守其祭祀。盖士之孝也。《诗》云："夙兴夜寐，无忝尔所生。"

在《孝经》中，几乎所有的人际关系秩序都是不平等的。他们建立了一个以奴役为基础的社会，呈金字塔状，最大的人口为底部的百姓。百姓服务并维持着越往上层越小众的群体，金字塔的顶端只有君王一人。

家族是国家结构的缩影，是国家的微观模型。在家庭中，父亲像皇帝一样居于最高地位。但与皇帝不同的是：父亲不仅得到了尊重，也获得了爱。有趣的是：在这种政治化的社会结构中，母亲只得到了爱，却并没有得到如父亲一般的尊重。

在李公麟的作品中，他反复提醒我们注意中国社会中普遍存在的不平等的结构的弊端，以及个人行为所遭受到的日益增多的压力，这在许多方面都用图画的方式表现出来了。与此同时，李公麟不断提供可供补救的方案，最常见的是在他创造的家庭的理想肖像中。他为《孝经图》第五章"士"

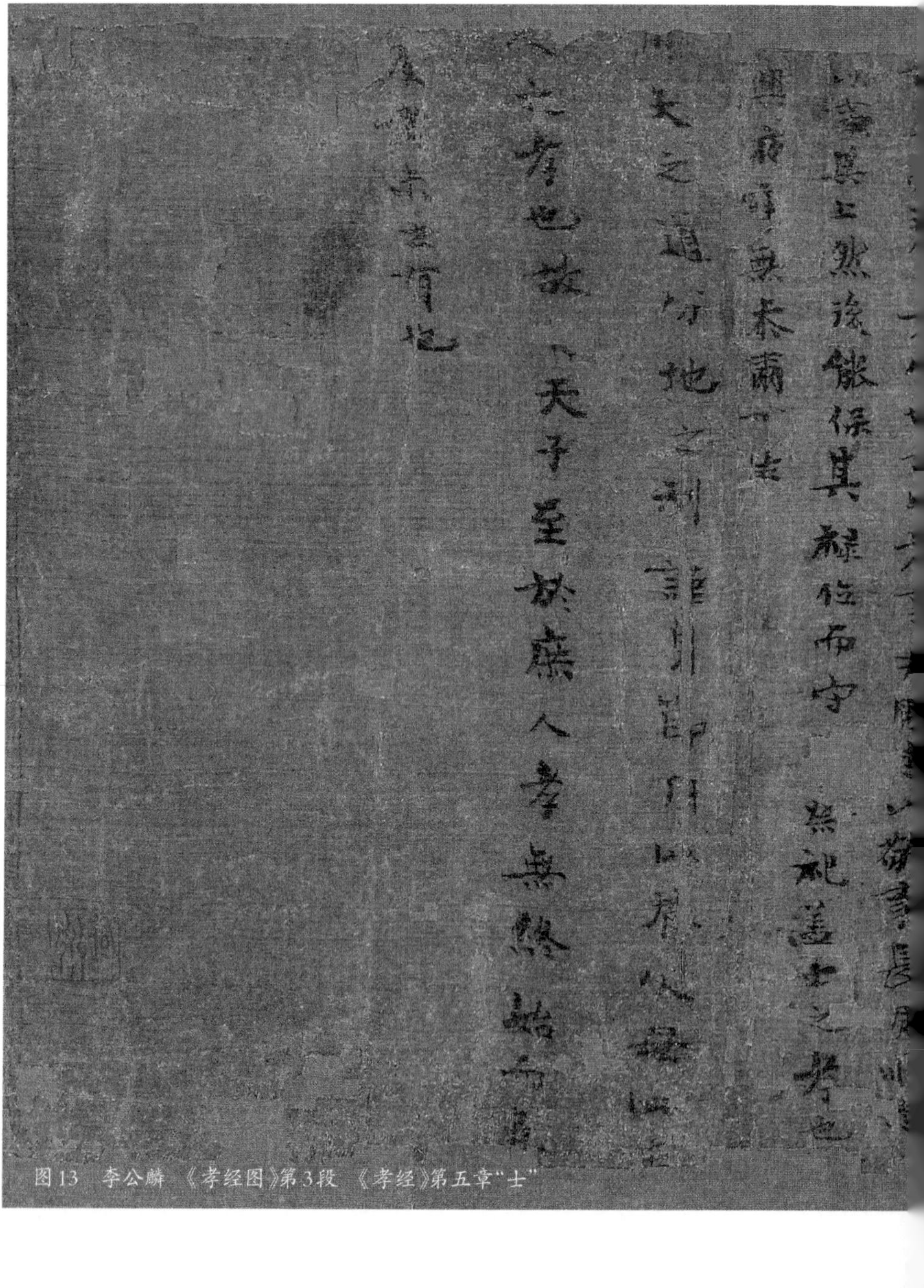

图13 李公麟 《孝经图》第3段 《孝经》第五章"士"

事又盡事母而采用資於事父之事愛同至於……

创作的图画就是典型代表（《孝经图》第3段，图13）。在其中，我们看到一个男人和他的妻子在为（可能是）男方的父母侍奉餐食。这里没有仆人，只有父母和孩子。丈夫和妻子共同承担着责任，丈夫跪着准备食物，妻子从厨房端来餐盘。父亲坐在地上的席子上，在围合的屏风前，他望着他的妻子，伸出手来，仿佛想让她先选择孩子们准备的食物。席子前摆放的诸多餐具都表明这是一场精心准备的盛宴，上面有许多佳肴。

画面中的父母的动态被描绘得十分细致精微。当父亲看向自己妻子的时候，他伸出右手，掌心朝上。母亲也转过来看着她的丈夫，唇上微微带笑，好像在说话。在中国的艺术中，很少有一对夫妻被描绘得如此亲密，并拥有着外露的感情。

这种精微的表现表明，父母子女之间的基本关系是艺术家最关心的问题。这可能也进一步证明了，李公麟对这些关系的看法与他所图绘的文本以及文本想要延续的传统是不同的。

这段图画甚至很难找到先例，对亲密的家庭聚会的描绘在中国的艺术传统中并不常见，这应与李公麟对古代大师顾恺之的推崇不无关系。在顾恺之著名的《女史箴图》中，有几幅描绘宫廷家庭生活的场景，例如此处所示的一段表现一个三世同堂的大家庭的画作（图14）。在人物所形成的三角

图14 （传）顾恺之 《女史箴图》中的一段 可能为8世纪作品 手卷 绢本设色 24.9厘米×347.6厘米 英国伦敦大英博物馆藏

形的顶点是一家之长，他的儿子和儿媳则居于三角形的另外两个端点位置。

毫无疑问，正是从这样的画作中，李公麟学会了构图和表达人际关系的方法。顾恺之与李公麟的作品都是依据持续并有节奏的人物动作和人际互动完成的。李公麟没有采用前代绘画大师的三角形构图，而是采用了更为开放的去结构化的形式：儿媳手捧托盘从画面右侧进入，儿子则跪于地上侍奉饮食，父亲身体前倾，以手势向他的妻子示意，他的妻子则面带微笑与他说话回应。人物的动作没有任何停顿，如同慢舞一般，赋予了形象以生命。

在这样的画作中，我们不可能感受不到李公麟对他笔下人物的深厚感情。当然，这些人物都来自李公麟自己和家庭生活的现实情况。当他画一个父亲时，他似乎在回忆自己的父亲，当他画一个母亲时，也与画家本人的母亲存在着某种关联。画家随即变成了跪于地上的儿子，他的妻子则从旁边逐渐走近。

第六章　庶人

用天之道，分地之利，谨身节用，以养父母。此庶人之孝也。故自天子至于庶人，孝无终始，而患不及者，未之有也。

李公麟画《孝经》第六章"庶人"一段的原作已遗失，我们需再次参考台北故宫博物院所藏的摹本（图15）。"庶民"是《孝经》中最简短的一章，与庶民在中国传统社会中的地位相吻合，基本上只有一句话（最后一句话实际上是对前六章内容的总结）。《孝经》中规定的平民责任，实际上不过是世袭贵族自私自利的观点。

在这幅由三层结构组成的画面中，画家从上至下描绘的分别是耕种、收获和侍奉父母的景象。低矮河岸间的溪流自画面中穿过，连接着下一段图画（《孝经》第七章）。这两幅画描绘的是好似音乐一般的和谐的社会图景，所有阶级都和平地生活在其中，以孝道和礼仪相互规范。

几乎所有细微的表情和手势在摹本中都没有被保留下来，我们只能借其他章节的图画来想象李公麟所描绘的百姓形象。十有八九，李公麟对百姓的描绘和他对下级官员家属的描绘方法是一样的，画家自己其实也属于下层官员阶层。百姓们

图15 佚名（约14世纪） 《孝经》第六章"庶人" 手卷 纸本墨色 20.5厘米×702.1厘米 台北故宫博物院藏

十分贫穷，相较富裕的地主，他们穿得更简朴，但是这一段与"卿大夫"一段中所描绘的亲密家庭场景并没有太大的不同。宋代这个三代同堂的景象与顾恺之画中的场景（见图14）形成了鲜明的对比。明显的不同之处在于，李公麟画中的农民家庭是先耕种，然后收获，最后才享受他们的劳动成果，而顾恺之画中展示的却只是贵族家庭在享受着财富与权利所带来的安逸。李公麟本人是一个细心且勤奋的艺术家，他的书法和绘画作品都是训练有素并经过深思熟虑的创作。我们至少可以想象到，李公麟对工作的现实情况以及劳动和报酬之间的联系极为敏感。可以肯定，李公麟高度同情的是个人而非群体。我们不仅能在他的艺术中看到对这些感受的表达，与李公麟同时代的人也告诉了我们这一点。他经常为朋友们绘制非正式的肖像，画得十分逼真，当朋友们不能亲临现场时，甚至可以用这些肖像代替他们；李公麟也非常在意阶级、地域、个性，甚至口音的细微差别，观赏李公麟画的人甚至可以从他的作品中看出这些特征。如前文所述，就连马匹也会被李公麟当成一个有个性的人来看待[1]。

这种对人个性的敏感与欣赏只有对于李公麟经常出入的圈层中所形成的艺术来说才是必要的。在传统意义上，艺术是为统治者的意志服务的，向人民展现出应该避免的"恶"和应该努力争取的"善"。

李公麟的《孝经图》也有这样的功能，但整个画卷的精神是通过个人形象的细微差别以及家庭、社会和官场中的人

---

[1] 例如 Agnes E. Meyer, *Chinese Painting as Reflected in the Thought and Art of Li Lung-mien, 1070-1106* (New York, 1923), pp.287-288

际互动来传达的。相信绘画艺术有能力传达个人的"心印"或思想是当时文人画理论的中心原则，也正是在李公麟所处的由文人、思想家、诗人、书法家和画家所组成的精英圈子里逐渐形成了关于文人画的理论。根据这一理论，李公麟和他的朋友们主张绘画应该被发掘出和它的姊妹艺术诗歌与书法同样的表达能力。正是这一理论奠定了后世中国艺术的基础。

李公麟的《孝经图》是第一个尝试赋予传统的说教文本以人物形象与社会现实的绘画作品，对人物个性的关注则是李公麟传达自身意图的重要方法之一。除此之外的另一个方法当然是他缓慢、自然、随性的绘画方式，他的作品营造出了一种完全不像官员发表公开演讲的效果，而更像与一名老友就所共同关心的话题进行安静的交谈。

随意、非正式且谦逊是新的精英文人区别于旧贵族的诸多特征之一。一旦所有的人都被认为有能力通过天赋、智慧与训练来取得成就——没有特殊的与生俱来的地位或特权——那么每个人都会被认为是具有相同的价值，所有人都应被平等地看待。

至此，我们可以把《孝经图》看作对紧张的人际关系与现实的一种图像表达，李公麟始终努力寻求着既有的权力体系和新的理想之间的平衡。

第七章　三才

曾子曰："甚哉，孝之大也！"子曰："夫孝，天之经也，地之义也，民之行也。天地之经，而民是则之。则天之明，因地之利，以顺天下，是以其教不肃而成。其政不严而治。先王见教之可以化民也，是故先之以博爱，而民莫遗其亲；陈之以德义，而民兴行；先之以敬让，而民不争。导之以礼乐，而民和睦；示之以好恶，而民知禁。《诗》云：'赫赫师尹，民具尔瞻。'"

在李公麟为《孝经》第七章"三才"所作图画的前景中央（图16），一名小男孩正恭恭敬敬地听一位倚杖的老人说话。老人的左手做着手势，似乎是在教导孩子，对应文中所述的"陈之以德义，而民兴行"。在画面右下角，一个圆脸青年在向一个年长的男人和一个女人鞠躬，看起来即将骑上备好的马就此远行。这对年迈的夫妇代表的一定是这位年轻男子的父母，对应的是文中"先王见教之可以化民也，是故先之以博爱，而民莫遗其亲"。画面的左边，有两个朋友相遇并向彼此鞠躬致意。一个人伸出手，请另一个人过去，对应文中所述"先之以敬让，而民不争"。在画面的左上方，分割了构图的小溪的对面，一个男人正躺着睡觉，衣服就放在他的身边。另

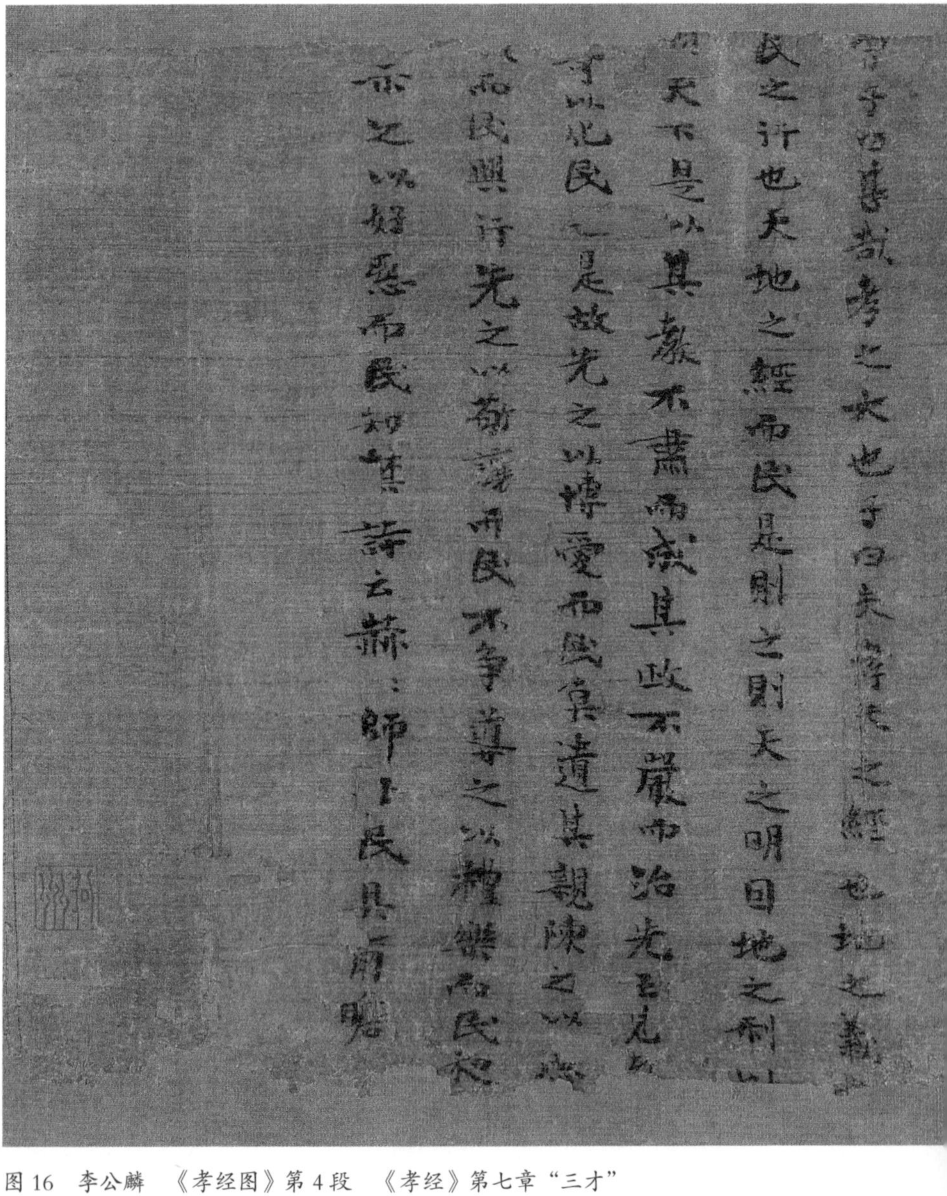

曾子曰甚哉孝之大也子曰夫孝天之經也地之義也民之行也天地之經而民是則之則天之明因地之利以順天下是以其教不肅而成其政不嚴而治先王見教之可以化民也是故先之以博愛而民莫遺其親陳之以德義而民興行先之以敬讓而民不爭導之以禮樂而民和亦之以好惡而民知禁詩云赫赫師尹民具爾瞻

图16 李公麟 《孝经图》第4段 《孝经》第七章"三才"

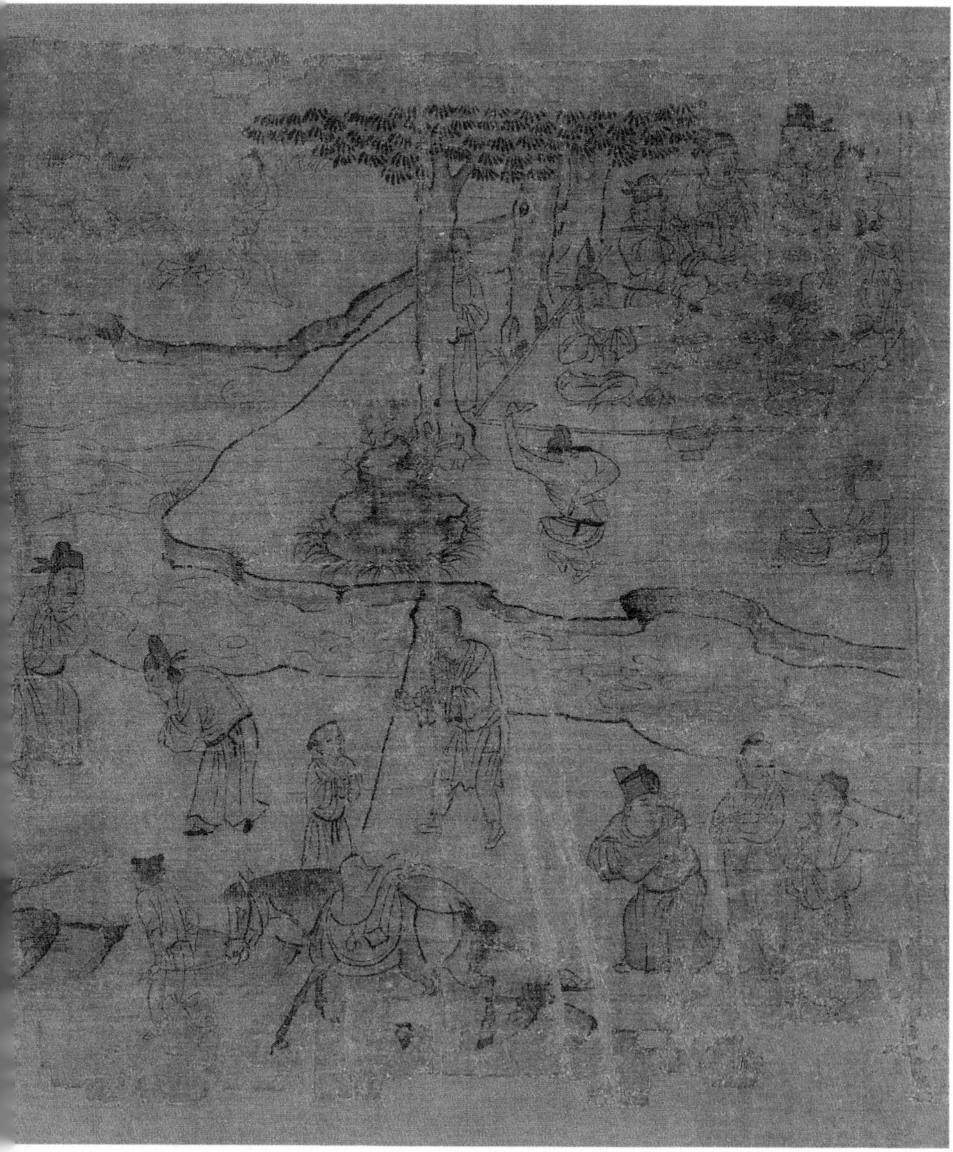

一名行人冷到瑟瑟发抖，只穿一条腰带，充满渴望地看着地上可以温暖他身体的衣衫。但他克制住了把衣衫捡起来的冲动，仍然继续向前走着，此处所对应的文本是："示之以好恶，而民知禁。"根据《孝经》原文"导之以礼乐，而民和睦"一句，百姓如此和谐安乐景象的右上角还有一群演乐的人。7个人盘腿坐在树下；一人打鼓，一人吹笛子，还有一人手持的可能是一组拍板，余者中至少有一人在唱歌。他们前面是一名舞者与另一个鼓手，鼓手是一个奇怪的、看上去十分消瘦的小男孩形象。一位旁观者站在最近的一棵树后。画面的正中央是一块深受文人的喜爱的园林湖石，十分引人注目。至此，画家已逐一描绘出了此章中心段落的5句话。

这段精心绘制的画中包括20个人物、一匹马和相当精致的景观，其中李公麟对人物姿态、表情和互动的细微观察尤其值得重视。

特别是在画面的前景中，李公麟着重表现了他所钟爱的人与人之间的接触与互动，我们可以看到不同的年龄与性格的人物均以极温暖并敏锐的方式，被生动地呈现出来。在看向师长的童子的表情与举止中，在两位相互作揖的友人身上，特别是在画面右下角三个带有肖像色彩的人物形象中，都似乎存在着向画作的预设观者呈现真实的记忆的趋向。

最值得注意的，或许是这段画面构图没有传统的结构。

也就是说：我们既不能用传统的方式，也不能从结构或象征意义上来解读这一画面。当然，没有传统的结构，作品却拥有着相当具体的含义。所有的画面元素是随机的，散布于绢面之上，以孝道的普世性影响串联在一起，就像画面中流淌的溪流一样，借此与之前的图画连接起来。这让我们想起了李公麟的《临韦偃牧放图》，当没有明显的控制时，才能达到自然之道。道始终在运行，但却是看不见也不引人注目的。

第八章　孝治

子曰："昔者明王之以孝治天下也，不敢遗小国之臣，而况于公、侯、伯、子、男乎？故得万国之欢心，以事其先王。治国者，不敢侮于鳏寡，而况于士民乎？故得百姓之欢心，以事其先君。治家者，不敢失于臣妾，而况于妻子乎？故得人之欢心，以事其亲。夫然，故生则亲安之，祭则鬼飨之。是以天下和平，灾害不生，祸乱不作。故明王之以孝治天下也如此。《诗》云：'有觉德行，四国顺之。'"

有趣的是：不喜欢强迫、武力和滥用权力的李公麟却选择图绘这段描述统治者不愿意轻视寡妇和鳏夫，更不用说官员和臣民的文本（《孝经图》第5段，图17）。显然，李公麟在这里回忆或创造了一个具有象征意义的场合，皇帝在宏伟的宫殿前面会见百姓，以此展示自己对百姓的关心。在这个想象性的仪式中，皇帝的面前是三个驼背的寡妇、两个年迈的鳏夫和两个孤儿。他们在持械侍卫虎视眈眈的注视下觐见皇帝，皇帝很可能会给他们一些祝福或赏赐。在统治者的身旁和身后是目光敏锐而专注的精英官员们，他们认真地看着面前举行的仪式。画家又一次将百姓与少数统治阶层的权威与威仪分隔开来。尤其引人注目的是：皇帝左边的年轻官员，鞭子就盘绕在他的前臂之上。

就像我们之前看到的那样，李公麟选择向我们展示百姓被驱赶与被检视、被防备并充满恐惧地受监视的场景，他们与掌权的人永远保持着距离。李公麟其实本不需要再一次图绘这种对抗，因为还有许多其他选择。但他仍然再次选择了展现那些在权力面前颇为无助的百姓的生活，应是在借此影射自己时代的生活现状。

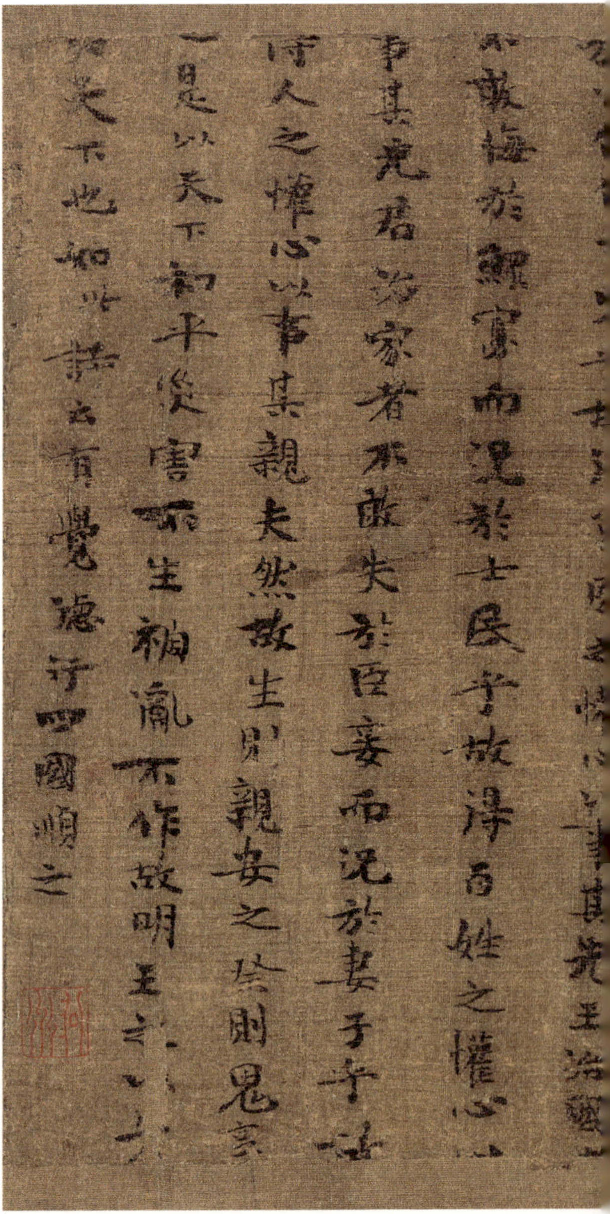

图 17 李公麟 《孝经图》第 5 段 《孝经》第八章"孝治"

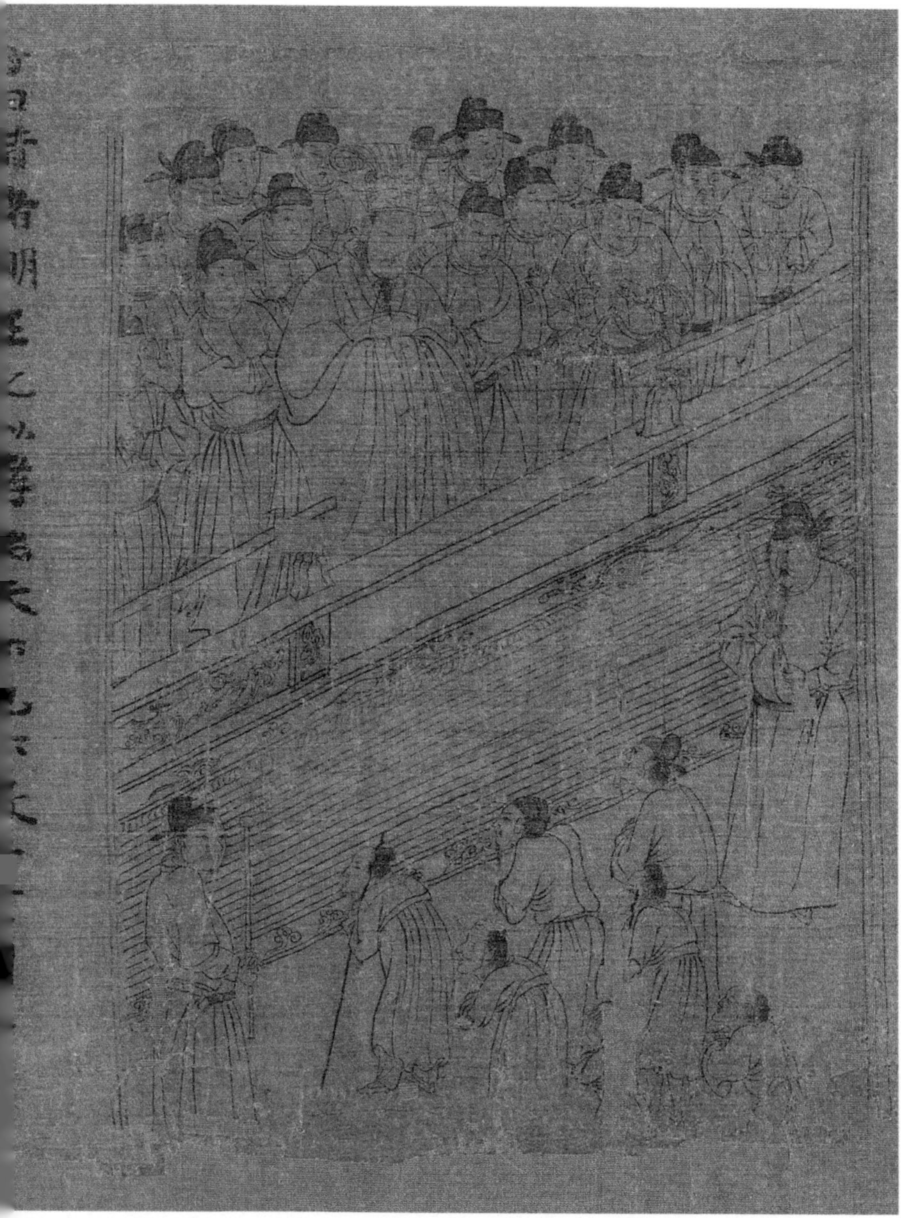

第九章　圣治

　　曾子曰："敢问圣人之德，无以加于孝乎？"子曰："天地之性，人为贵。人之行，莫大于孝。孝莫大于严父，严父莫大于配天，则周公其人也。昔者，周公郊祀后稷以配天，宗祀文王于明堂以配上帝。是以四海之内，各以其职来祭。夫圣人之德，又何以加于孝乎？圣人因严以教敬，因亲以教爱。圣人之教不肃而成，其政不严而治。其所因者本也。父子之道，天性也，君臣之义也。父母生之，续莫大焉；君亲临之，厚莫重焉。故不爱其亲而爱他人者，谓之悖德；不敬其亲而敬他人者，谓之悖礼。以顺则逆，民无则焉。不在于善，而皆在于凶德，虽得之，君子所不贵。君子则不然，言思可道，行思可乐，德义可尊，作事可法，容止可观，进退可度，以临其民。是以其民畏而爱之，则而象之，故能成其德教，而行其政令。《诗》云：'淑人君子，其仪不忒。'"

　　《孝经》的这一章篇幅特别长，讲的是：在理想的孝道中，孝是人类的最高等的行为，可使孝道尊敬与敬畏的对象提升到"配天"的地位。在儒家传统中，这一习俗的创始者是周公，他最先祭祀后稷以配天。后稷是周朝统治者的祖先，也是传说中的农耕始祖。通过将后稷提升至配天之位，周公将其先祖赋予了与上天同等的地位。显然，《孝经》的支持者们希望所有人通过持续的无私的服务与牺牲将自身升华为神。

无论李公麟对此看法如何，他都选择了图绘周公祭祀后稷的场景。帝王的祭祀活动一直存在，在李公麟的时代，祭祀的本质与细节仍是人们争论的焦点。但我们已不可能知道当时各种观点的支持者们对这一特定图画的评价。

《孝经》文本是几个截然不同的时代和政治制度的产物。当然，这并非由孔子所作，而是被不同学派的传人所构建，以服务于他们自己的目的。《孝经》的前六章显然是在世袭贵族尚能有力控制中国社会的时代写成的，那时仍可用足够的权威推行虚构性文本并确保其可以被接受。《孝经》中宣扬的观点是：世袭贵族是理所应当的天定的统治者，在充满等级秩序的社会中，其他人有各自的位置。后世的利益团体增补了《孝经》的章节，以论证自身的观点。第九章被加入《孝经》前六章后，或任何其他的增补（现在我们已经不可能知道整个文本是如何被整合在一起，以及这一过程经过了多长时间）不外乎是为了维持一种可以让多数人处于愉快地被奴役状态的社会结构的稳定。他们将人生的终极目标寄托于通过永不停息的侍奉——甚至在死后仍要继续侍奉主人以提升祖先的地位。

在画面中（《孝经图》第 6 段，图 18），周公站在南部

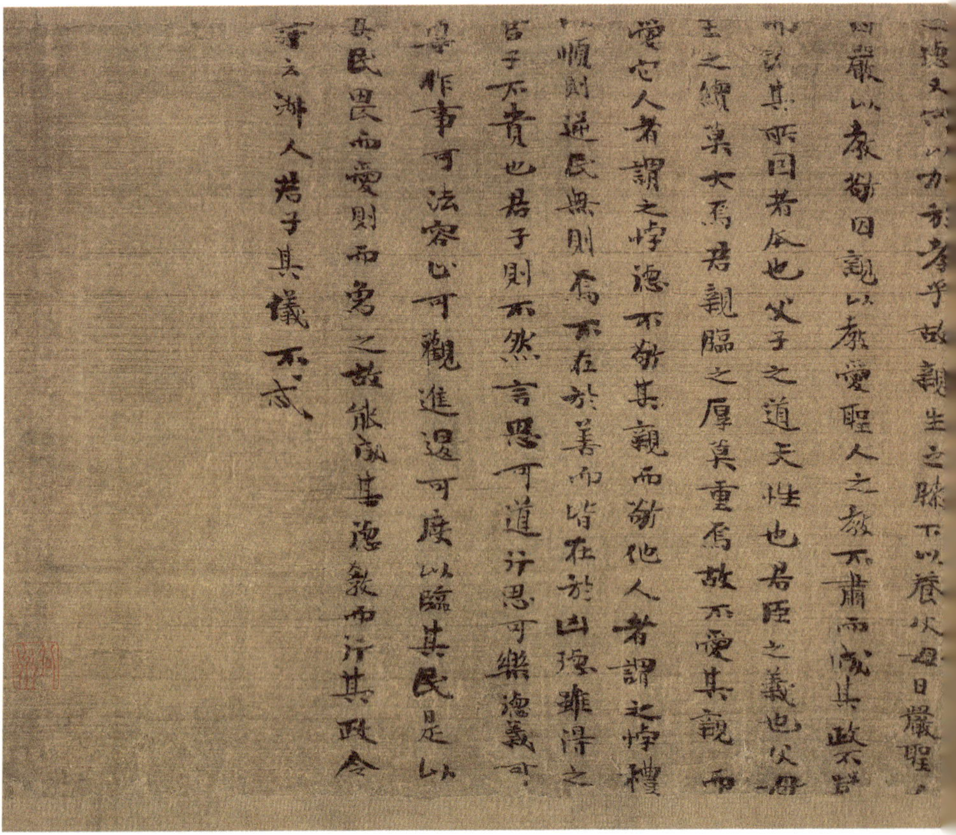

图18　李公麟　《孝经图》第6段　《孝经》第九章"圣治"

祭坛长长的台阶之上，面对摆放着祭祀物品的桌子鞠躬而拜。周公身边有5位侍从，乐师分立左右，跪于编钟之前。火焰在祭桌后面的炉内燃烧，其他的炉子被放置于山丘状祭坛的周围。天空中有象征着星空的符号，祭坛周围分立着同来祭

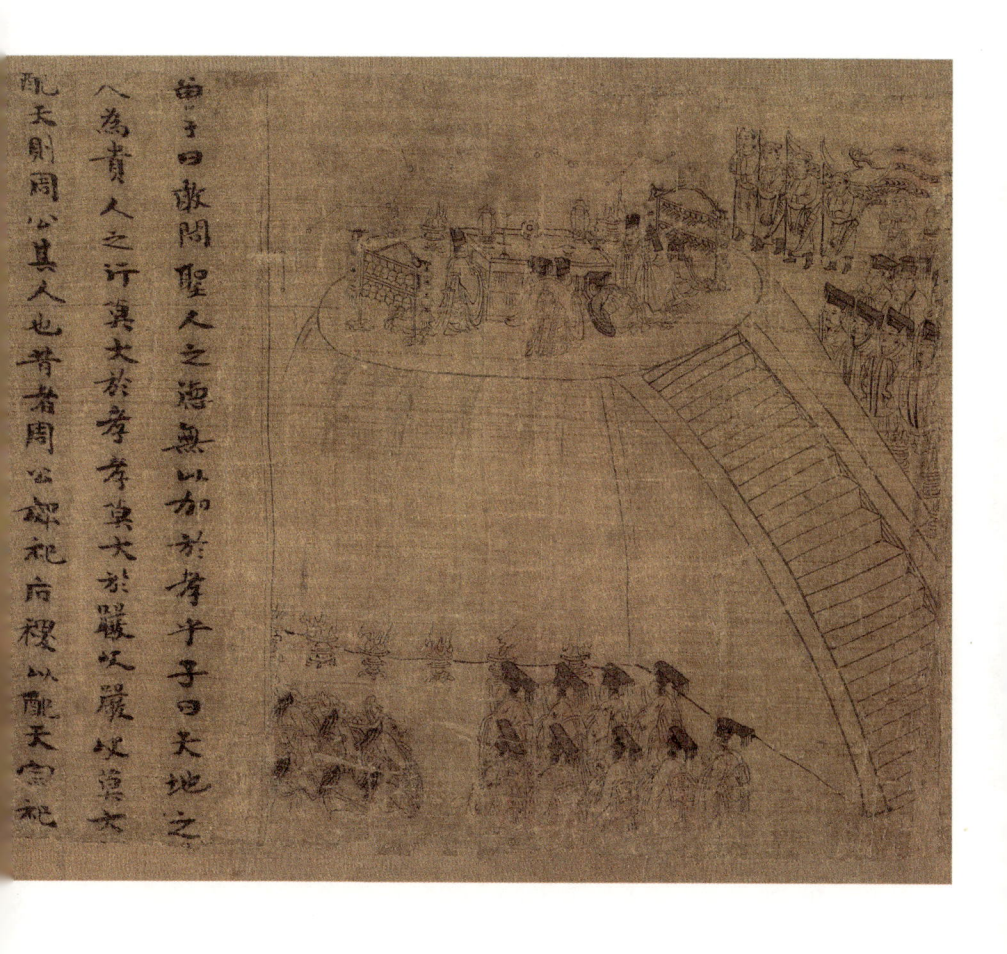

祀的公卿贵族，持旗的士兵以及一队胡人。

《诗经》中有一首长诗记述了后稷的生平传奇，《诗经·周颂》中的另一首诗则记录了祭祀时说的话，正可与图中的场景对应：

《周颂·思文》：

思文后稷，克配彼天。

立我烝民，莫匪尔极。

贻我来牟，帝命率育，

无此疆尔界。陈常于时夏。

李公麟关于祭坛的认识颇为原始，图中的祭坛看起来不过是在土堆上筑了一段长长的楼梯，上置一张祭桌，桌上再加上一些普通的器具。

无论当时的祭祀观念与皇家祭祀的意义为何，可以肯定的一点是：这些都是相当重要的政治问题，而李公麟主张的似乎是一种更为久远的祭祀精神。土堆和台基的祭坛形式已离宋朝的祭坛十分遥远了，宋朝的祭坛可能更接近于今天北京的天坛。但正如在画面中所体现的，李公麟似乎在拒绝奢靡，他对当下社会充满怀疑，而倾向于一个更简单、更赤诚、更不复杂且更为吸引人的神话般的过去。李公麟近乎迷信地相信自己对遥远的过去的理解，这在他的个人传记中是十分感人的一笔，这种特质也同样体现在他对虚构世界的图画表达中。

第十章　纪孝行

子曰:"孝子之事亲,居则致其敬,养则致其乐,病则致其忧,丧则致其哀,祭则致其严。五者备矣,然后能事亲。事亲者,居上不骄,为下不乱,在丑不争。居上而骄则亡,为下而乱则刑,在丑而争则兵。三者不除,虽日用三牲之养,犹为不孝也。"

李公麟在这一段中描绘的是《孝经》第十章中"养则致其乐"一句(图19)。画面中,一对老夫妇坐在高台之上的扶手椅上,看着孩子们为他们准备的娱乐节目。表演者包括一名魔术师,一名可能是魔术师妻子的女性在一旁敲鼓,还有一个舞者。这群表演者中间坐着这对老夫妇的两个年幼的孙辈。他们的儿子和儿媳则端着点心从画面右侧走来。成年人的注意力都集中在从魔术师手中拿着的圆锥状物体中飞出来的小鸟身上。老祖母似乎被吓了一跳,她的嘴微微张开,好像轻轻倒抽了一口气。更为平和的祖父则在温柔地微笑着。儿子和儿媳暂时忘记了他们端着的托盘,也一起观看了娱乐节目。和表演者们坐在一起的年轻的孙辈们兴奋不已:坐在左边的小女孩紧紧地握着光屁股的弟弟的手,神情专注地靠向鼓手一侧。

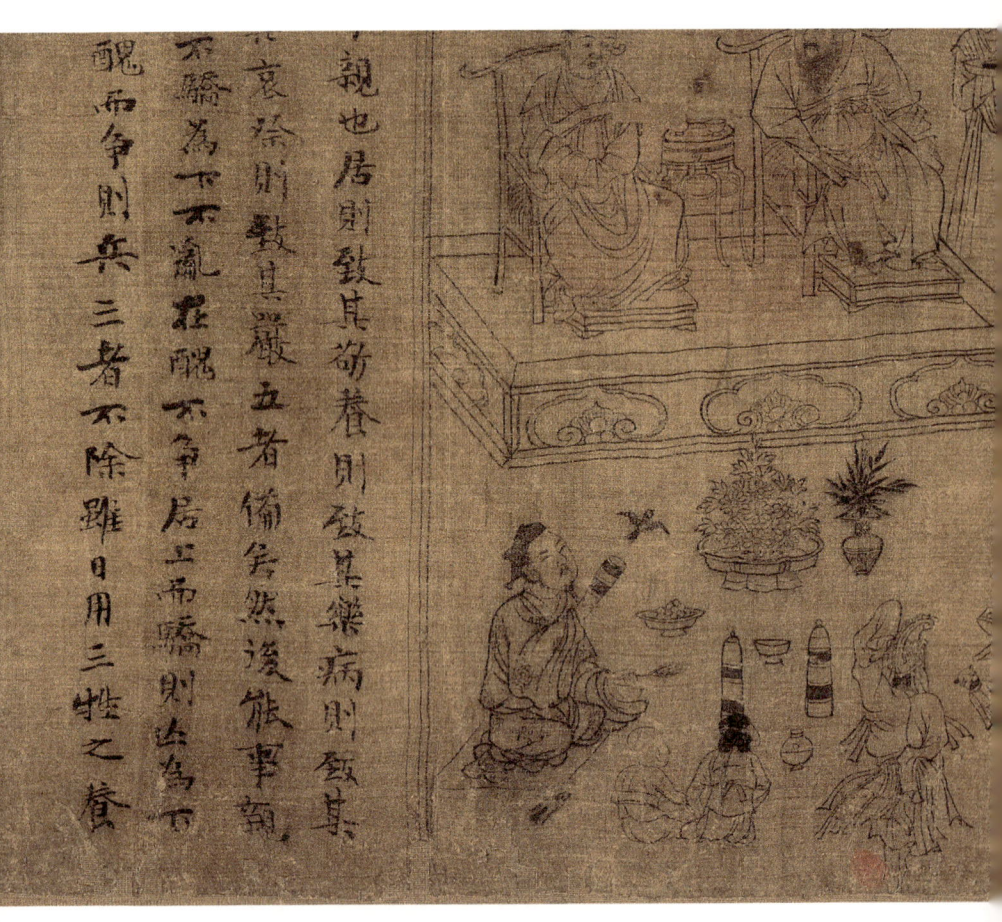

图 19　李公麟　《孝经图》第 7 段　《孝经》第十章 "纪孝行"

整个场景充斥着一种令人愉悦的温暖感与私密性，这种私密性体现在构图上，人物围绕一个松散的圆形排列，在圆的中心放置的两个花器则提供了一种精妙的艺术感。两盆花的形式呈现出了一种对比性，在左侧更大、更重的盆花中，花朵和叶子的外轮廓完全用线条勾勒出来。而在右侧更优雅且造型纤长的插花中，每一片叶子都用墨笔绘制成更柔软，却更为确定的形态。画面中最具说服力的还是对人物个性的塑造。老夫妇的温情被描绘了出来，他们对孩子们提供的娱乐活动表现出了明显的喜悦之情，这比任何语言都更清楚地表现出了孝的精神与理想目标。

在著名的孝子故事"老莱子娱亲"中，可以找到与李公麟的作品相似的图像。已逾中年的老莱子扮演了一个小男孩，他穿得像个孩子并假装摔倒，只为了让他的父母忽视自身的年迈。李公麟的绘画很有可能引起了关于老莱子的故事与他孩子般娱乐活动的共鸣①。

① Barnhart, "Li Kung-lin's *Hsiao Ching T'u*", pp. 480-481

第十一章　五刑

子曰:"五刑之属三千,而罪莫大于不孝。要君者无上,非圣人者无法,非孝者无亲。此大乱之道也。"

这一章的配图错位了,李公麟可能错误地颠倒了《孝经》第十一章和第十四章图画的位置,以致第十四章的图画在此处与第十一章的文本一起出现了,而第十四章文本所配的却是第十一章的图画。在这段表现刑罚公正的图画中(《孝经图》第 11 段,见图 26),一个地方官坐在衙门高敞门廊上的桌子后,正在审判案件。3 个官员站在他身后,第四人则手捧卷轴,站在左边,卷轴上大概记载着所审案件的细节。画面正下方的两男一女似乎正在为其中一人或多人所犯的罪行作证。第四个被两名吏卒紧紧地控制着的男子显然有些慌乱。画面中正进行着一场激烈的争论。

与此同时,在画面的右下角,先前案件中的罪犯已被另外两名吏卒押走。此人的手腕被手枷枷住,并被一个高大的、手持棍棒的吏卒拉着。他身后的妻子受罚的程度稍轻了一些,一名吏卒用右手抓着她的头发,左手执鞭,她则痛苦地绞着双手。李公麟丝毫没有掩饰这一令人难受的情境。

从构图上看，这段画是比较有趣并含义暧昧的。李公麟将15个人分成3组，并将人物广泛地分布在画面上，避免将这种不可抵抗的力量强加于某个特定的人物身上。在李公麟的作品中，权威通常被表现于高位，就像这幅画面中的地方官一样。他身后站着3位助手，下面的4个吏卒也忙于各自的职责。一场呈堂审判已经结束，而另一场正在进行中。换句话说：画面以一种有序且不偏不倚的方式展现了正在进行的审判。司法系统的运行被表现成是无须中介且结果是必然的，法律体系处于一种十分理想状态中。

画面的主题、构图和意义之间的关系尤为有趣，这与《孝经》的另一个关键章节第十五章（《孝经图》第12段，见图27）非常相似，而第十五章的重点在于强调谏诤在帝国运转中的必要性。这样看来，谏诤与刑罚似乎是李公麟为建立一个以孝道为基础的人道国家提供的两个基本处方。

作为一名地方官员，李公麟的职责肯定为他提供了丰富的相关经验，正如他作品中所呈现的那样。他无疑曾不止一次地担任过主持地方司法的官员。可以想见，李公麟在这里就像在《孝经图》的其他地方一样，仍在反思自己的生活经历，因为他在试图赋予一个古老的文本以当代的形象。

在李公麟的时代，有一类极为生动地表现刑罚审判的图像他肯定非常熟悉。《地狱十王图》（图20）的作用是在大

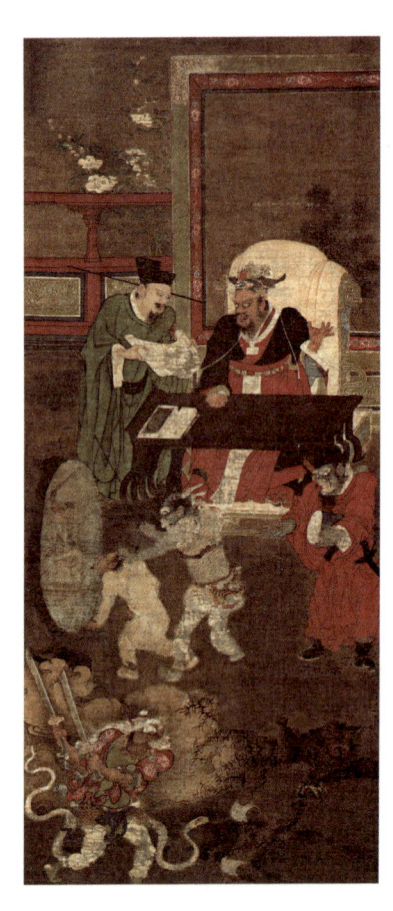

图 20　金处士（12 世纪晚期）
《地域十王图》"第五殿阎罗
王"　1195 年前　立轴
绢本设色　111.8 厘米×47.6 厘米
纽约大都会博物馆藏

众层面上告知人们在另一个世界等待着罪人们的刑罚[1]。与《地域十王图》中暴力、血腥的恐怖场面相比，李公麟笔下的庭审场面则更多地体现了司法的克制与仁慈。

---

[1] Lothar Ledderose, "A King of Hell," 收录于纪念铃木敬六十寿诞论文集中，*Suzuki Kei sensei kanreki-kinen: Chūgoku kaigashi ronshū* (Tokyo, 1981), pp. 31-42

事实上，这一章图画的错位或许可以生发出一些关于卷轴制作的猜想。

显然，李公麟肯定已完成了整卷作品，从第一章开始，依次完成了下面的图画。他自然地几乎就像在画一系列的草图。在每段画的两边，李公麟都画了两行或三行直线，如同一个简单的框架，也给文字留出了空间。很明显，这些文字在绘制图画的时候还没有写上，因为文字的长度和为文字所留空间的宽度之间没有什么对应关系。因此，李公麟是在画作都完成之后，才为每幅图画配上文字的。很显然，像中国每一个学童一样，李公麟早已记住了《孝经》全文，虽然他似乎错误地颠倒了第十一章和第十四章的图画，但后来当李公麟题写文本的时候，他只是在每张图画旁边写上了正确的文字，用以纠正自己的错误。他就这么让图画的顺序颠倒着，并没有做任何题跋或标记（事实上，目前绢面被破坏至这样的程度，让我们也不能完全确定没有这样的题跋存在过），这可能进一步支持了这卷《孝经图》并非最终完成版作品的观点。李公麟或许认为还有另一幅手卷，或木刻版画将会取代这件作品，而他的错误在下一阶段会被很容易地纠正过来。

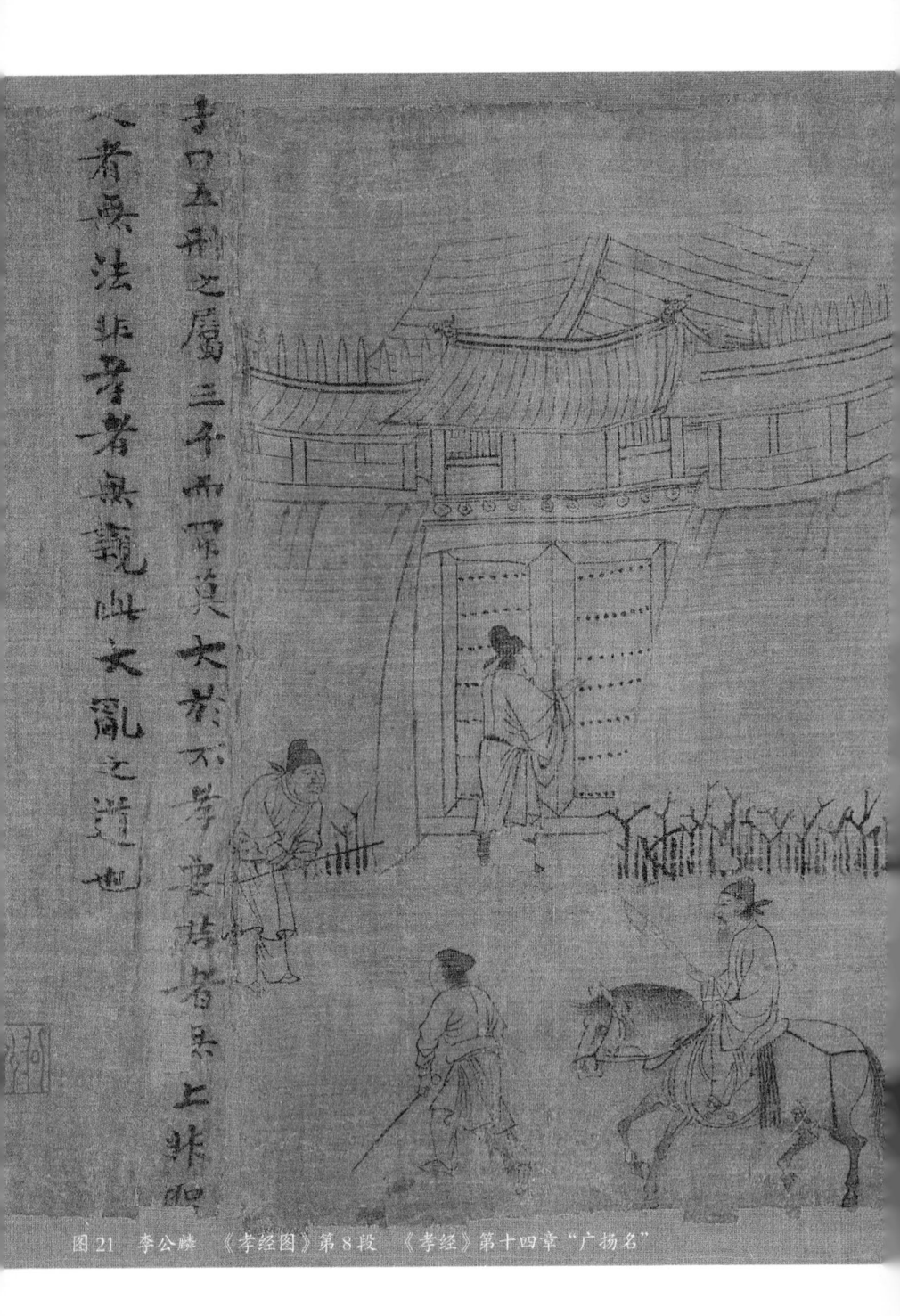

五刑之屬三千而罪莫大於不孝要䝨者畏上非聖人者無法非孝者無親此大亂之道也

图21 李公麟 《孝经图》第8段 《孝经》第十四章"广扬名"

第十二章　广要道

子曰：" 教民亲爱，莫善于孝；教民礼顺，莫善于悌；移风易俗，莫善于乐；安上治民，莫善于礼。礼者，敬而已矣。故敬其父则子悦，敬其兄则弟悦，敬其君则臣悦，敬一人而千万人悦。所敬者寡，悦者众。此之谓要道也。"

李公麟对主题的选择再一次让人惊讶。在表现《孝经》第十二章"广要道"时，他在庭院的背景中描绘了两个在年龄和外貌上都非常接近的，只可能是兄弟关系的男子形象（《孝经图》第9段，图22）。弟弟向兄长深深地鞠躬，兄长则缓慢地回礼。有两名年轻的友人或弟子站在兄长的身后。在人物背后的池塘中，可见小洲、鹅和芦苇的形象。画面中两个主要的人物形象与一块引人注目的太湖石遥相呼应，太湖石后面生有茂密的竹子。这幅画有一种生动的当代生活的感觉，毫无疑问，李公麟是在用他所处时代的人物形象来传达自己的思想。

在李公麟生活的时代中最为著名的两兄弟是苏轼和苏辙，他们二人都是李公麟的挚友。现存的苏轼肖像和其他李公麟交游圈的成员对苏轼的非正式画像（图23）都表明苏轼就是

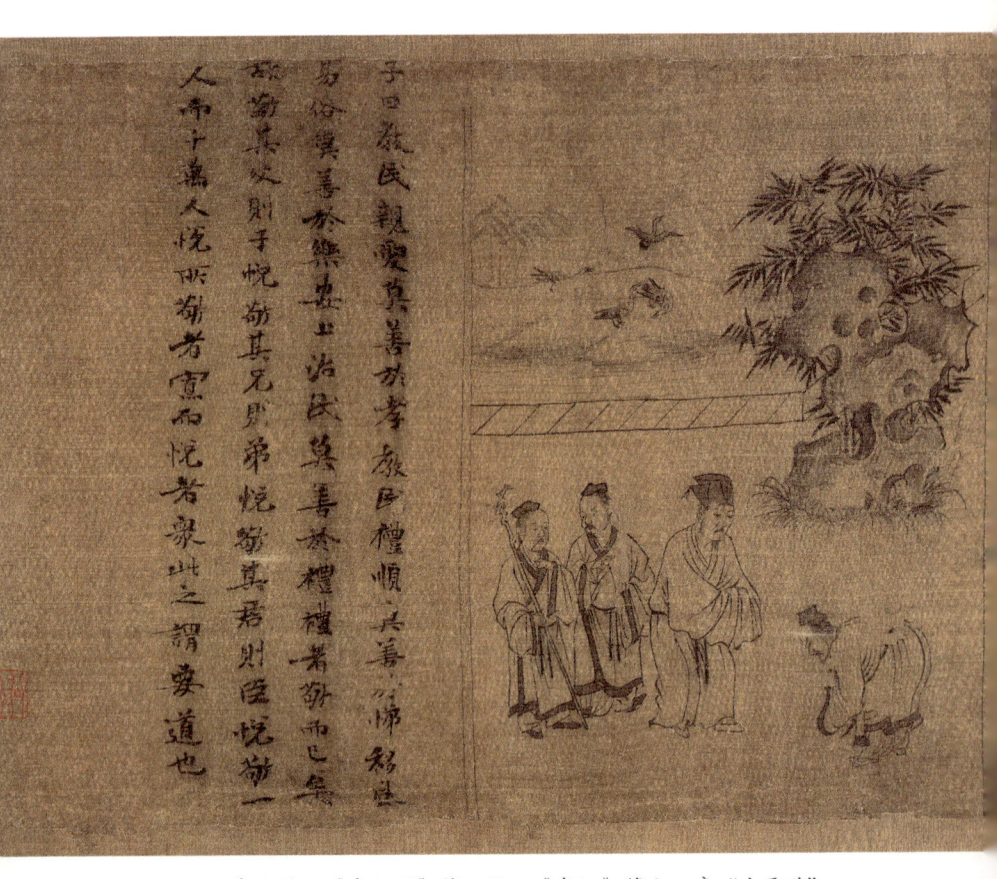

子曰教民親愛莫善於孝教民禮順莫善於悌移風易俗莫善於樂安上治民莫善於禮禮者敬而已矣故敬其父則子悅敬其兄則弟悅敬其君則臣悅敬一人而千萬人悅所敬者寡而悅者眾此之謂要道也

图22　李公麟　《孝经图》第9段　《孝经》第十二章"广要道"

这幅图画的主人公①。苏轼身材魁梧,但并不过重,他生着一张强壮而英俊的脸,小他两岁的弟弟苏辙长得很像他。画面突出了庭院景观、鹅和芦苇,岩石和竹子都是当代形象,因为墨竹是当时绘画的崭新主题,又特别与苏轼和他的从表兄文同相关。事实上,正是苏轼与文同发明了作为绘画主题的墨竹,之后墨竹又特别与文人画家联系在了一起。古典主义画家李公麟在他的作品中加入了墨竹形象,这一明显的象征符号体现了李公麟赋予其作品的鲜活当代生活精神。

与这些观察有关的事实是:《孝经图》唯一的同时代题跋为苏轼所书,尽管这一题跋已不复存在,但相关记载保留在了苏轼的文集中②。苏轼并没有言明自己在《孝经图》中的诸多人物形象中发现了自己,但我们仍有理由怀疑他可能确实认出了自己,就像其他与李公麟同时代的人都在画中看到了同侪,看到了对其他当代事件和人物形象的借鉴。只是这些借鉴现在都已太遥远,以至于无法为我们所理解。

可以想见的是:正如前文所提到的,当李公麟画一位父亲时,他心中所想的是他自己的父亲以及他所认识的其他父亲形象;他画大臣的时候,想到的也是他所见过的大臣形象;

---

① 关于李公麟所做的苏轼肖像画见 Barnhart, "Li Kung-lin's *Hsiao Ching T'u*", pp.118-119

② 关于苏轼题跋的相关讨论见 Barnhart, *Along the Border of Heaven,* 注 55

图 23　乔仲常（12 世纪初）　《后赤壁赋图》局部　手卷　纸本墨色　29.5 厘米×560.4 厘米　纳尔逊艺术博物馆藏

图 24　（传）苏轼　《枯木怪石图》局部　手卷　纸本墨色　23.4 厘米×50.9 厘米　上海博物馆藏

当他画兄弟时,他回想起的则是自己朋友中的兄弟形象;在李公麟笔下的母亲或姐妹的形象中,所蕴藏的也正是他自己的母亲或姐妹形象。在李公麟的作品中,人物不论高低贵贱,都间接地反映了1085年前后中国宋朝的男女形象。

一幅绘制庭院中墨竹的作品传为苏轼所作(图24),这类墨竹的形象在李公麟的画中也可以看到,这表明李公麟的同时代人在研究他的作品时肯定会想到这类与苏轼有关的图像。苏轼,这位伟大的宋朝诗人、画家和书法家所引发的图像投射是一组共生的形象——竹子、岩石和树木,这些形象在李公麟的画中也明显可见。这种共生的绘画主题也正与李公麟这段画面的核心——兄弟间的友爱与尊重的共生关系相类。

在关于哲学或宗教主题的文献记载中可以看到对早期绘画中绘制当代名人形象的记录。值得注意的是:李公麟的好朋友兼竞争对手米芾认为自己偶然发现了这些伪装粗糙的肖像画,这很可能是因为米芾十分清楚他的朋友李公麟正在自己的古典题材绘画中所做的事[1]。到了12世纪晚期,即使是职业画家,如周季常与林庭珪,也普遍开始在他们的宗教肖

---

[1] 相关讨论见 Barnhart, "Li Kung-lin's Hsiao Ching T'u", p. 117. 米芾:《画史》,《美术丛刊》(台北,1956年),页87,其中讨论了一张王维的自画像

像画中加入真实的人物肖像,从另一层面上讲,他们其实也是李公麟的追随者①。李公麟很有可能是最早的通过当代人物形象来呈现哲学、宗教和经典文本的中国画家之一,正是从这些当代人物的身上,书本中描述并称颂的理想得到了具体的表现。这是中国叙事绘画史发展的一个新阶段,有点像本杰明·韦斯特(Benjamin West)对英雄事件的描绘,比如《沃尔夫将军之死》中的人物都穿着当代服装,而不是古希腊和古罗马的服装②。

---

① 林庭珪作品见 Kojiro Tomita, *Portfolio of Chinese Paintings in the Museum: Han to Sung* (Cambridge, Mass., 1933), pl.83

② Simon Schama, *Dead Certainties* (New York, 1991), pp. 3-39

第十三章　广至德

子曰："君子之教以孝，非家至而日见之也。教以孝，所以敬天下之为人父者也。教以悌，所以敬天下之为人兄者也。教以臣，所以敬天下之为人君者也。《诗》云：'恺悌君子，民之父母。'非至德，其孰能顺民如此其大者乎？"

唐玄宗注《孝经》第三章时有言："但行孝于内，其化自于外。"①

这段图画以坐于扶手椅上的父亲形象为中心，他的身后是一面巨大的山水屏风（《孝经图》第10段，图25）。这位父亲被他的家庭成员环绕着——两个儿子、两个女儿、一位兄弟还有四名仆人。在画面的前景中，两个男人端着一张被罩着的几案，摆在了父亲的面前，一名女侍则端来了一盘食物。几案显然很重，因为仆人转过身来对着观众时面露难色。另一个女侍出现在左侧屏风之后，手里捧着一个大容器，可能为装酒所用，她也表现出正努力负重的样子。父亲在对一个驼背的老人说话，可能是他的叔叔。老人身后站于屏风右侧，正在倾听老人说话的女子应是父亲的女儿或儿媳。父亲的对

---

① 阮元《孝经注疏》，卷7，页1a，见阮元，《十三经注疏》（1816年重印）

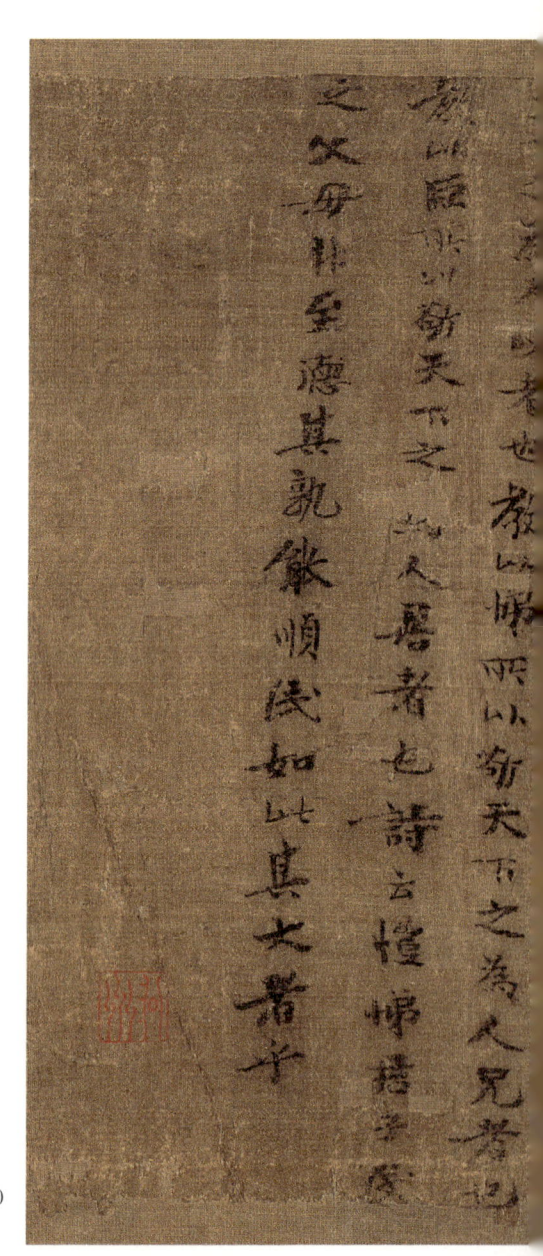

图 25　李公麟《孝经图》第 10 段　《孝经》第十三章"广至德"

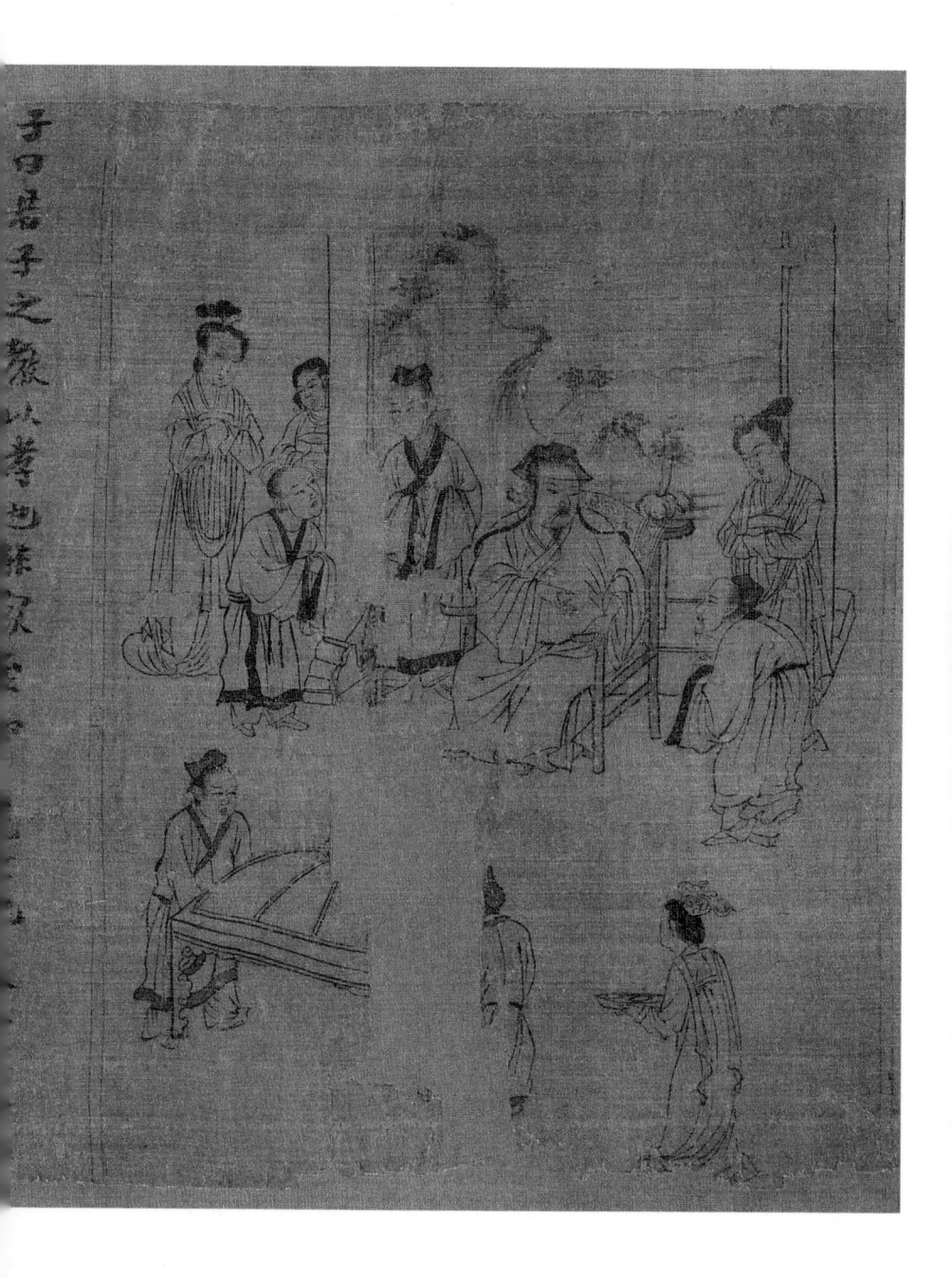

子曰君子之敬以莘𦊅𦕑𢓜

面站着他的两个儿子，小儿子正在向父亲讲话。他们身后的另一个女子可能是他们的另一姐妹。她和哥哥都友爱地看向准备发言的弟弟。所有的人物都坐在中间的父亲周围。

这是18段《孝经图》中的第4个也是最后1个亲密的家庭场景，这段图画集中于图画核心，象征意义上的家庭维系者，同时也是孝道的接受者的父亲身上，这正是一般大家庭中的情况。正如顾恺之在700年前对一个大家庭的描绘那样（见图14），家庭中最年长的男性的地位是低于父亲的。顾恺之把这个人物放在了后面，教孙辈识字，而在家庭中占主导地位的男性形象则坐在前面显眼位置。在此处，年长者也需听从端坐正中的父亲，他才是家族中实际上的"国王"。在文本和图画中，父亲和皇帝在社会、政治和经济方面的相似之处被一次又一次地描绘出来。毋庸讳言，画面中的四位女性扮演着更为次要的角色，她们处于边缘，居于不同年代和不同等级的男性身后。

尽管如此，我们必须注意到画面中对亲密家庭生活描绘的真正不同寻常之处。在中国早期的艺术中，几乎不可能在其他地方找到表现男性和女性如此密切并私下互动的家庭小品。顾恺之的《女史箴图》是一个重要的例外，这也是李公麟将自己和自己的艺术与这位早期大师联系起来的另一种方式。

第十四章　广扬名

子曰:"君子之事亲孝,故忠可移于君;事兄悌,故顺可移于长;居家理,故治可移于官。是以行成于内,而名立于后世矣。"

正如在第十一章的讨论中所指出的,《孝经图》第十一章和第十四章的配图颠倒了。本章的图画描绘的是文本中"居家理,故治可移于官"一句。画面中一位骑马的官员正走向官府的大门,他将在那里担任新的职务,他的仆人走在前面。迎接他的是一名外表强硬却面带微笑的地方官,另一个官员为他打开了大门(图26)。

在李公麟构建的奇特的个人世界里,他显然对他自己所处的士大夫阶层抱有最高的尊重。在这一段图画中,就像在《孝经图》的其他地方一样,每当李公麟关注士大夫阶层时,都会把他们描绘成人道社会的基础。而同样明显的是:在同一个图画世界里,掌握权力的人往往是恶棍,而普通百姓则是典型的受害者形象。李公麟似乎并不真正尊重那些接近皇权的人。相反,他们似乎变成了一个缩影,即便是小官也掌握着足以迫人屈服的权利:如果把鞭子放在一个人手里,其

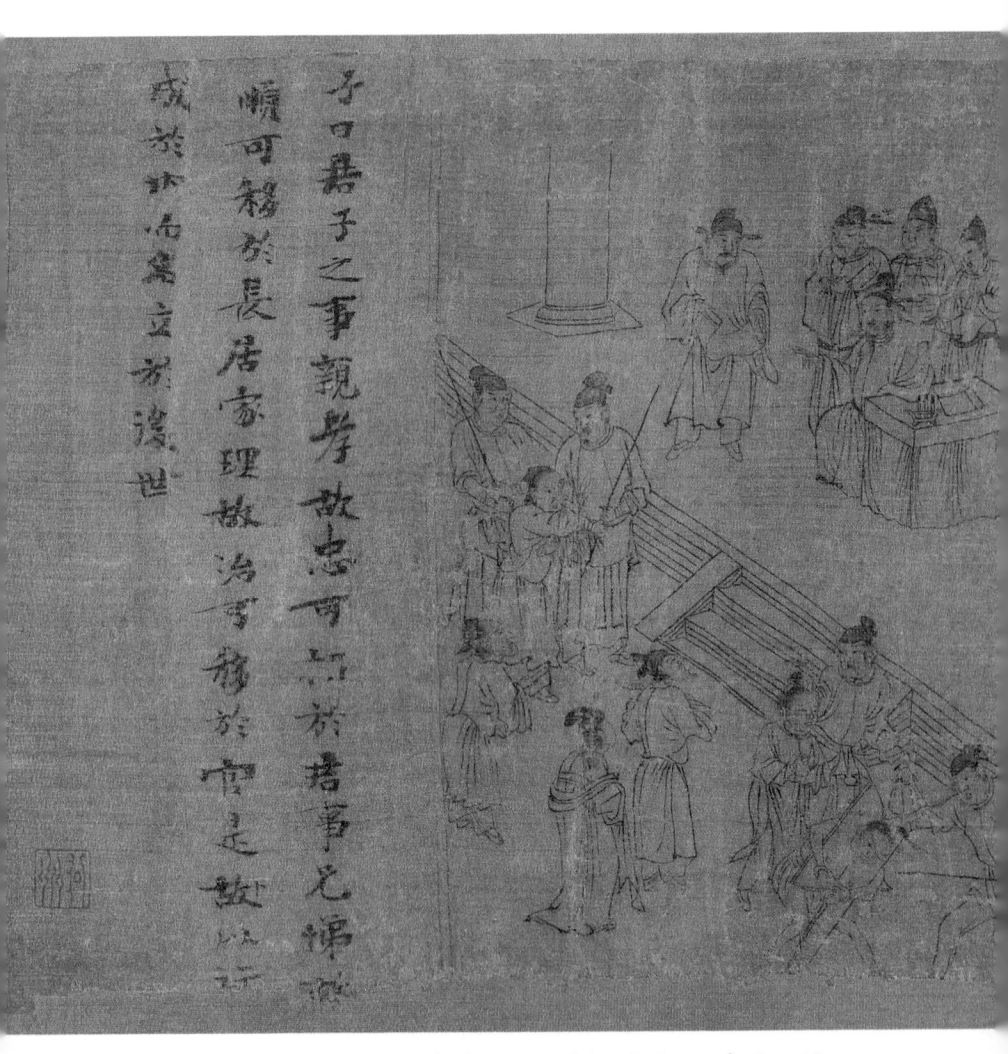

图26 李公麟 《孝经图》第11段 《孝经》第十一章"五刑"

他的所有人就都会成为他的威胁对象。

从宋代开始，任何等级的官员都要每三年换任，且不能在家乡任职。这种做法是为了避免官员因久居某地或对其家人、朋友、邻居有所偏私从而引发各种问题。通过私人关系给予特殊恩惠一直是中国封建社会的传统陋习之一。从理论上讲，定期调任有助于防止这种小集团的形成，也有利于官员的培养，使他们更加成熟而智慧。在传统的中国，政府的公正颜面也是由官员每三年的调任维系的。

李公麟也与他同阶层的人一样，都经历过每两年到三年的调任。毫无疑问，他曾多次受到如他画中所描绘的当地官员的迎接。他可能仍记得在另一个城市的另一份工作，也并没有刻意美化这种经历。

第十五章　谏诤

曾子曰："若夫慈爱、恭敬、安亲、扬名，则闻命矣。敢问子从父之令，可谓孝乎？"子曰："是何言与！是何言与！昔者，天子有争臣七人，虽无道，不失其天下；诸侯有争臣五人，虽无道，不失其国；大夫有争臣三人，虽无道，不失其家；士有争友，则身不离于令名；父有争子，则身不陷于不义。故当不义则争之。从父之令，又焉得为孝乎？"

李公麟在《孝经图》中展示的孝道在社会、政治和道德结构层面的另一个重要表现就是本章的主题：谏诤与公开公正的批评。这一理念对于孝道的整个结构是至关重要的，因为如果没有它的存在，政府和社会秩序将从本质上变成彻底的极权主义。这一问题在《孝经》中具有基础性的重要意义。

在李公麟为这一章所绘的图画中，他选择了高官的形象来代表权威（《孝经图》第12段，图27）。据《孝经》文本，他描绘了三名随侍的官员，其中一名官员正在向高官进谏。画面的构图是开放的，相对来说并不具有威胁性，女性的出现也进一步缓和了冲突性。这一段很像描绘五刑和几处室内家庭聚会场景的图画。画面中的高官和其他官员之间没有什么明显区别。他们穿着相仿，看起来更像兄弟而非上下级。作品告诉我们，优秀的领导依赖于下属的坦率直言，诚恳劝谏是政府管理的基本要求。

当然，李公麟所属的阶层被置于提供劝谏及评议政策的社会位置。在当时这是一项艰巨的任务，尤其是因为政治风向的不确定性。永远无法确定争夺皇位的两大权力派系中的哪一方会在何时取胜，失宠的官员往往会被降职、放逐或流放。李公麟当然也希望如他画中所绘一般的、包容且仁慈的进谏场合存在，但他本人在政治党派斗争方面并没有特别有勇气。事实上，即使在开明而人道的宋朝，真正的开放进谏也从未存在。

在那个政治动荡、派系林立的岁月里，李公麟所有挚友几乎都经历过降职、监禁、充军或流放，且通常是反复的。

一些人在流放中死去。谏诤的实际结果更可能是带来苦痛且并非有所回报，通常还会付出沉重的生命代价。李公麟在他的仕宦生活中见证了这种制度的运作，但他仍选择如此方式描绘"谏诤"一章，在画面中，似乎劝谏的理想已经实现。尽管现实生活并不完美，但也许正是这种持续的信念，让宋朝最终显得比中国历史上的任何朝代都更加公正，人道且正派。

父之令又焉得為孝乎
而不義則爭之從父之令
管不義則子不可以不爭於父臣不可以不爭於
夫子友則身不離於令名父有爭子則身不陷於不
雖無道不失其國大夫有爭臣三人雖無道不失其家
人子有爭臣七人雖無道不失其天下諸侯有爭臣五

图27 李公麟 《孝经图》第12段 《孝经》第十五章"谏诤"

第十六章 感应

子曰:"昔者明王事父孝,故事天明;事母孝,故事地察;长幼顺,故上下治。天地明察,神明彰矣。故虽天子,必有尊也,言有父也;必有先也,言有兄也。宗庙致敬,不忘亲也;修身慎行,恐辱先也;宗庙致敬,鬼神著矣。孝悌之至,通于神明,光于四海,无所不通。《诗》云:'自西自东,自南自北,无思不服。'"

看李公麟选择了哪一段文本诉诸图绘通常是十分有趣的。所选择的文本是传达画家意图与关注点的重点所在,因为在大多数情况下,画家都是在大量的可能性中选择出他所关注的焦点。例如这一章中,我们可以想象出无穷多的可能的选择。但李公麟最终聚焦于这样一个简短的叙述:"宗庙致敬,不忘亲也。"(《孝经图》第13段,图28)

皇帝主持的祭祀仪式是为保证国家的福祉及他本人天赋之权的延续。除了李公麟在《孝经图》"圣治"一段中已描绘过的冬至的祭天地的仪式外,皇帝还会定期祭祖,这是一个国家性的祖先崇拜的仪式。皇帝的祭祖仪式在明堂中举行,明堂是古书中记载的帝王权力的传统性场所,历代统治者都会重建

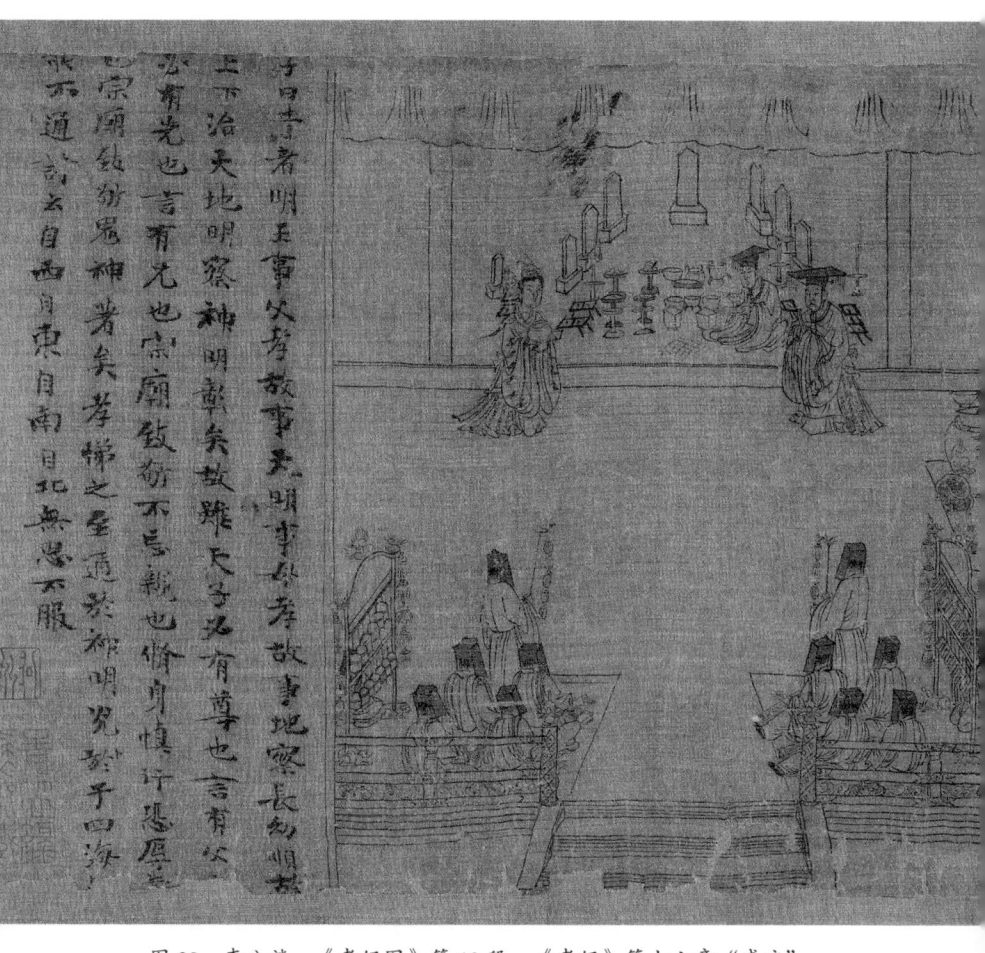

图 28　李公麟　《孝经图》第 13 段　《孝经》第十六章"感应"

明堂。李公麟的这一段画就是以明堂为背景的[1]。

主祭官天子站在明堂的东边，对面是他的妻子。一名年轻官员跪在明堂的门口，祭祀仪式就在门内举行。据《毛诗正义》所述"孝子不知神之所在，故使祝博求之于门内待宾客之处也"，跪着的官员将香醇的酒倒进酒杯里来吸引祖先的魂灵。明堂中列有祖先的牌位，外面则是预备好的祭品。祝祭与祖先的魂灵沟通后，就去见主祭官，并报告："苾芬孝祀，神嗜饮食。卜尔百福，如畿如式。"仪式结束时，"礼仪既备，钟鼓既戒"。祝祭宣布："神具醉止。"随后，祖先的魂灵将在钟鼓声中离去，祭祖仪式结束。接下来是为祭祖仪式的参与者准备的宴会。

画面的构图是对称且层次分明的。从下面的台阶开始，经过乐师，接下来是主祭官与他的伴侣，再往后是祭坛，祝祭就跪在那里，最后通往祖先的牌位。这些牌位就像一个整体，排成两列并向中央的牌位靠拢。这种近似西方透视法的表达方法是早期中国绘画表现宗教题材时的共同特征。对称的形式可能隐喻了所描绘的庄严典仪，也是国家的一种缩影。

---

[1] Fong, *Beyond Representation,* pp. 51-54

第十七章 事君

子曰:"君子之事上也,进思尽忠,退思补过,将顺其美,匡救其恶。故上下能相亲也。诗云:'心乎爱矣,遐不谓矣。中心藏之,何日忘之?'"

李公麟在这一段选择图绘了《孝经》中第十七章的第一句话(《孝经图》第14段,图29)。在画面的下半部分,一

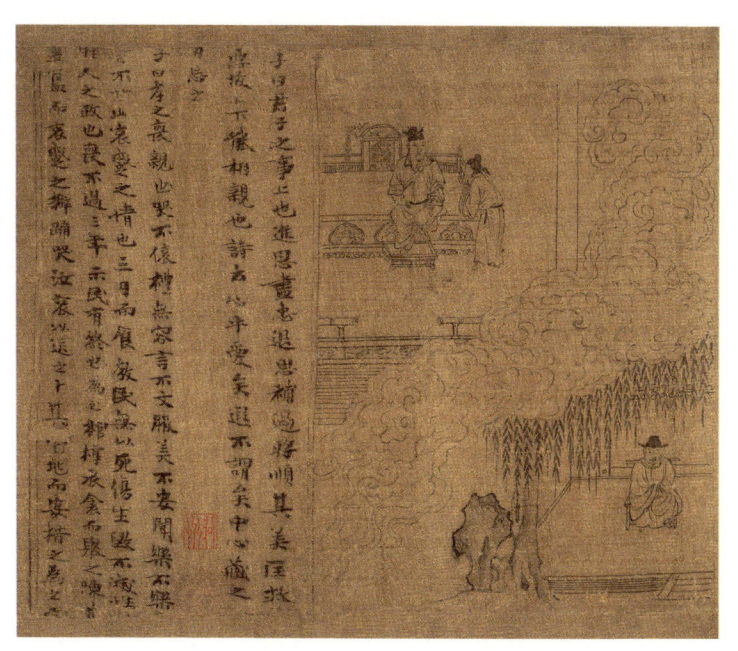

图29 李公麟 《孝经图》第14段 《孝经》第十七章"事君"

名男子坐在柳树下的露台上，双手交叠于膝盖上，目视前方。在他的头顶上，一层云气将整个画面分成两部分，云气之上，一名男子站在君王面前，君王则端坐榻上听他说话。绘制云气的目的如佛教艺术中所常见的一样，在于明确区分两个空间。画面上方是属于心灵的世界，下面是现实的世界，或者用儒家的话来说，上方是行动的领域，下面则是反思的空间。此人自朝堂退隐，正在思考着如何在重返朝堂后弥补自己的过错，如何带着新的计划与想法为君主尽忠。

李公麟很可能在绘制这一段作品时有着某种程度的一厢情愿。从他长期避仕又提前卸任的人生经历中可以看出，李公麟本人显然并不愿意担任公职。他聪明、有才华且学识渊博，兴趣仅在于思考、学习和创造性的想象。长达20年的不情愿且相当平凡的官宦生涯应该是出于经济上的考虑才不得已而为之，李公麟所真切希望的生活在他著名的作品《龙眠山庄图》中已有明确的暗示。大约在1085年，当李公麟绘制《孝经图》时，他想象自己坐在园林中，一棵柳树树荫之下的露台上。确实，最吸引李公麟的应该是柳树、云气与园林湖石，这些元素占据了画面的中心。李公麟所创造的每一层云气，每一片精致的柳叶，都如他为自己构建的隐退生活梦想中的景象一般。

第十八章　丧亲

子曰："孝子之丧亲也，哭不偯，礼无容，言不文，服美不安，闻乐不乐，食旨不甘，此哀戚之情也。三日而食，教民无以死伤生。毁不灭性，此圣人之政也。丧不过三年，示民有终也。为之棺椁衣衾而举之，陈其簠簋而哀戚之；擗踊哭泣，哀以送之；卜其宅兆，而安措之；为之宗庙，以鬼享之；春秋祭祀，以时思之。生事爱敬，死事哀戚，生民之本尽矣，死生之义备矣，孝子之事亲终矣。"

李公麟在这一段没有选择描绘哀悼、埋葬或祭祀的场景，而是创造了一个在文本中甚至没有提到的意象（《孝经图》第15段，图30）。一叶孤舟在薄雾缭绕的群山中漂流，仿佛迷失于虚空之中。当然，这里的虚空是一种形象的隐喻，是属于失去和哀悼的虚空，也是象征着死亡的虚空。

图像的来源很可能是另一部伟大的经典《诗经》，《诗经》也是《孝经》中经常引用到的文本。《诗经》中有一首追悼父母的古诗《二子乘舟》：

二子乘舟，泛泛其景。愿言思子，中心养养！

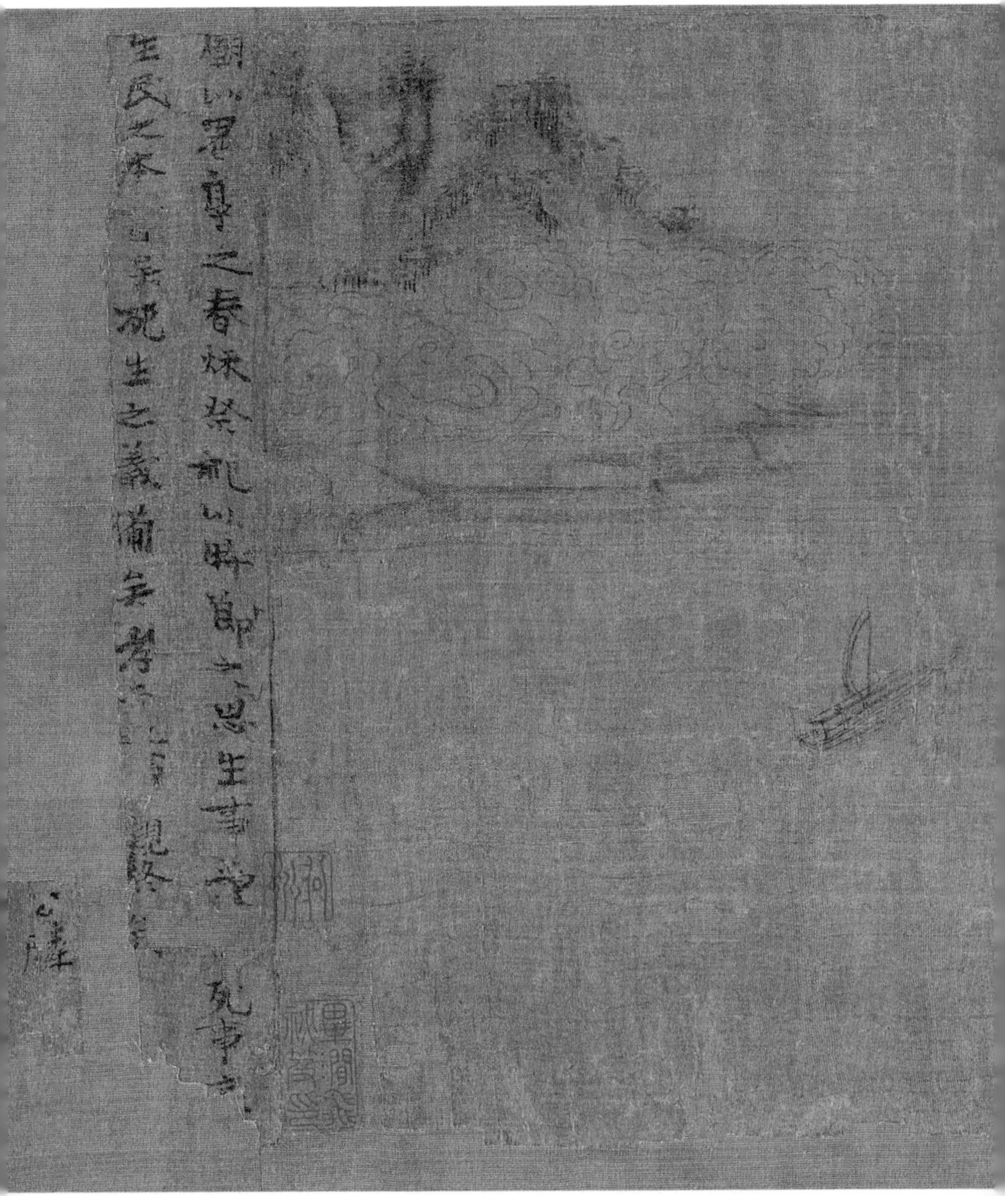

图30　李公麟　《孝经图》第15段　《孝经》第十八章"丧亲"

二子乘舟，泛泛其逝。愿言思子，不瑕有害？①

如果说后世版本的《孝经图》中失掉了某种微妙的美，那就得归因于苏轼在他的题跋中所称赞的李公麟的非凡成就：

观此图者，易直子谅之心，油然生矣。笔迹之妙，不减顾、陆。至第十八章，人子之所不忍者，独寄其仿佛。非有道君子不能为，殆非顾、陆之所及。②

苏轼是宋朝最杰出的诗人，也是当时最有影响的艺术评论家。正如前文所提到的，李公麟很可能在第十二章的配图中加入了苏轼的非正式肖像。苏轼的题跋也已在某种程度上部分承认了这一事实。无论如何，李公麟曾多次为苏轼绘制肖像，而苏轼也经常评论李公麟的绘画。还有一次，苏轼以欣赏的笔调评价了李公麟人物画的现实主义和真实性，以及《龙眠山庄图》中栩栩如生的山水地形。在《孝经图》的18段绘画中，苏轼特别点出了对最后一段的欣赏。他还告诉我们，从其他段作品中可以看出子女对父母的爱与责任。而最后一段则表达了李公麟面对死亡的悲伤与伤痛，并以模糊而隐晦

---

① Waley, *Book of Songs*, p. 41
② 见于《佩文斋书画谱》（1708 年；上海，1883 年重印），页 1a

的形式暗示了那种深深的苦痛。根据苏轼的说法，只有境界最高的有道之人才能构思出如此精微的形式。

  一个当代评论家在记述他所处时代的画家时可能总是谨慎的。但苏轼似乎一直在暗示李公麟的作品中所包涵的诸多深刻而重要的意义，这种内涵被巧妙而富有想象力地传达出来，是伟大思想的产物。这种思想关注道德、正义与行为准则，指出了一个理想，并能告诉我们这个理想是如何远离现实的。

附录一　《孝经图》的卷后跋文

班宗华

大都会艺术博物馆藏的《孝经图》在董其昌之前的收藏者为"汗漫翁"[①]，此人留下了书于宋纸之上长篇跋文（图2-2）。但其书风与13世纪的诗人、书法家张即之相似。钤印为木制，也表现出南宋或元代特征，其一为"汗漫翁"，其二为甲子纪年"庚寅"。跋文内容也是依据邓椿1167年《画继》中记载的李公麟生平传记所写，"庚寅"可能指1230年或1290年。但就书风来看，这篇跋文应为更晚期所作。

董其昌的四段跋文中仅有最后一段有明确的纪年，为1609年。但董其昌应当在1603年前就已拥有了《孝经图》，在他选辑的《戏鸿堂法帖》中就曾翻刻过《孝经图》中李公麟所书的一段《孝经》（图1）。董其昌的印章也见于《孝经图》之上。他的第一段跋文（图2-1）为：

---

① 本节中所录题跋以书写年代排序，非卷后跋文的前后次序，故对题跋者的介绍与其在跋文中出现的顺序略有出入

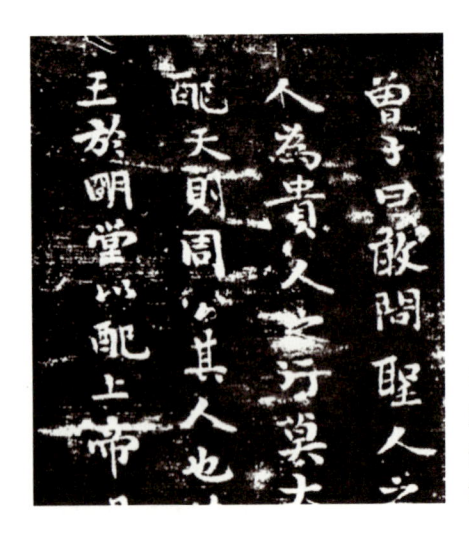

图1 李公麟 《孝经》第九章文章拓片 《戏鸿堂法帖》董其昌（1555—1636）选辑

"李龙眠书宗魏晋，《宣和谱》所载。此卷乃学锺元常《荐季直表》，卷末有公麟名款。他卷无是也。余摹刻《戏鸿堂》首卷，若其画法之妙，直追虎头，足称二绝。董其昌题于戏鸿堂。"

董其昌的第二段跋文（图2-3）中指出了李公麟所书《孝经》中的避讳情况，文中故意将字写得不完整是为回避宋皇室庙讳：

"卷中'殷''敬'二字俱不全，以避宋庙讳，米书亦然。"

董其昌的第三段跋文（图2-4）指出本卷《孝经图》与周密在约1300年记载下的为同一卷：

"周密《云烟过眼录》载李伯时画《孝经》并书，即此卷也。伯时画都无名款，此卷独有公麟名款，当是进御作耳。其昌又题。"

董其昌1609年（图2-5）所做的题跋中记载了太学刘幼真曾以董其昌《秋林抚琴图》交换《孝经图》的经过。

《孝经图》自刘幼真之手转入研究《孝经》的专家徐元文（1634—1691）处，徐元文为历代《孝经》纲目体注解本《孝经衍义》的总编纂。他在《孝经图》后留下的短跋（图2-14）中记载下了董其昌《戏鸿堂法帖》中《孝经图跋文贴》上的跋语与钤印。

徐元文之后《孝经图》的藏家为安徽歙县富商汪令闻，他十分欣赏《孝经图》，甚至用稀有而珍贵的楠木建造了"孝经堂"用以藏画。《孝经图》上有他的题签："宋李伯时画《孝经图》并书经文。孝经堂汪令闻敬藏，真州金时仪（1736—1796）书签（图3-2）。"画家方士庶（1692—1751）与汪令闻同为歙县人，他于1747年得见此画时，《孝经图》可能尚为汪令闻所有。方士庶与方贞观(1679—1747)和吴文治同观《孝经图》并留有题签（图2-9）。方士庶也在其随笔文集《天慵庵笔记》中记载过《孝经图》。

在这一时期，《孝经图》已经成为谜一般存在的作品，广为人知却少有人见。湖广总督毕沅的胞弟毕泷就曾激赏《孝经图》。汪令闻过世后，陆孟昭于1788年获得此卷，后以50万钱转卖毕泷。在之后的10年中，毕泷为《孝经图》写下6段题跋，不仅表达了他对此画的深切喜爱，也为我们提供了一些有趣的历史背景。以下以年代次序排列跋文：

1. 图 2-13

宋李龙眠《孝经图》真迹，稀世之珍，神品上上。乾隆戊申吴门陆孝廉孟昭得之扬州汪氏。己酉闰五月余从孟昭购得之，用钱五十万。静逸庵主人毕泷记。

2. 图 2-12

歙县汪廷璋令闻氏为扬州富商。颇能风雅，其门下客有邱生羽高，尝述其家藏李龙眠书画《孝经》长卷得价一千二百金，因筑孝经堂于园中，皆用楠木，可谓保爱者已。余久慕其名而不获一见，不数年汪公下世，此卷忽来。虽云物聚所好，亦未始非神物护持之力也。令闻又藏安氏石刻孙过庭《书谱》，亦有名之刻本，今亦藏吴中人家，后有令闻一跋。竹痴又记。

3. 图 2-11

董文敏以己酉三月易此卷于新安刘太学，余得此卷己酉后五月，相距已一百八十年矣。余亦新安人一奇事也，皆有冥数存焉耳。己酉秋八月望日竹痴记。

4. 图 2-10

陈眉公《妮古录》云："龙眠书法，山谷谓其画之关钮，透入书中。"今观此《孝经》小楷，拙朴中神采焕发，觉古隶典刑具在。至画笔之精，董香光所谓直追虎头者，真稀世之珍。千金不易者也。辛亥上元雪霁后，竹痴又识。

5. 图 2-9

《东坡题跋》中载《跋李伯时孝经图》云："观此画者易直子谅之心油然生矣。笔迹之妙不减顾、陆。"至第十八章，"人子之所不忍者，独寄其仿佛非有道君子不能为，殆非顾、陆之所及"。东坡所跋大约即此卷也。是禁苏书时割去耳。

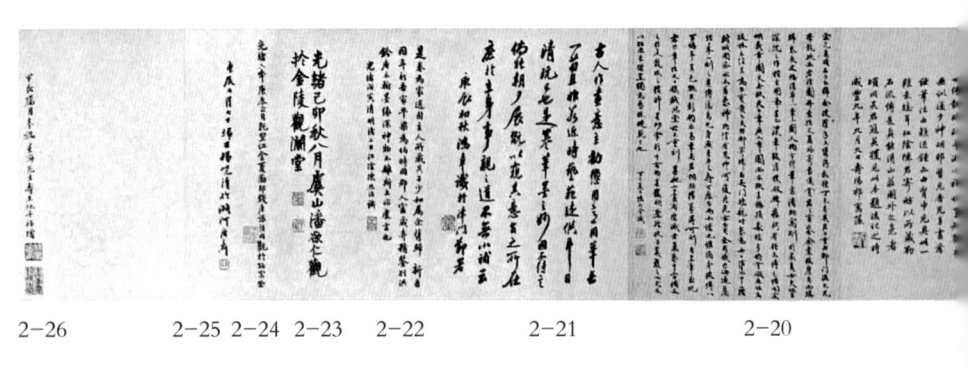

图2 李公麟《孝经图》卷后题跋

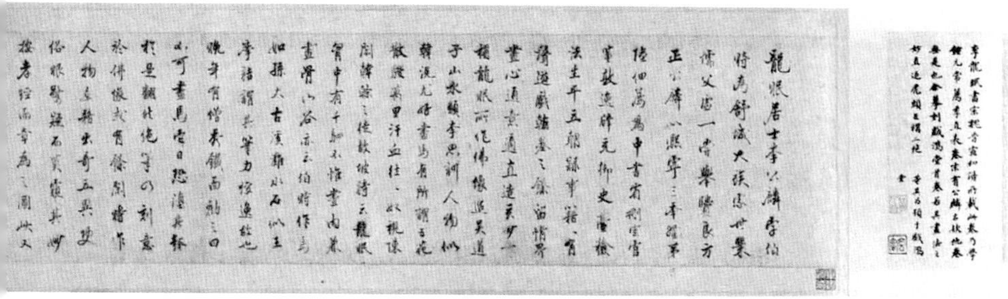

2-2　2-1

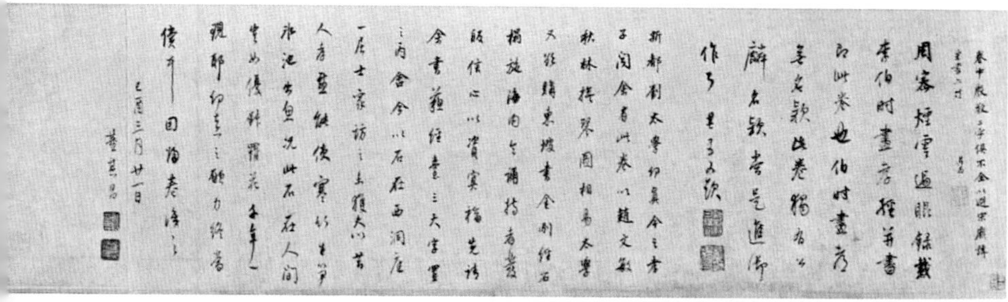

-6　2-5　2-4　2-3

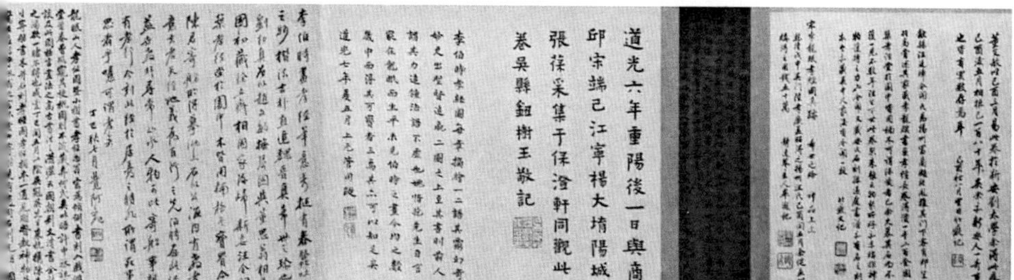

2-18　2-17　2-16　2-15　2-14　2-13　2-12　2-11

6. 图 2-8

余所见龙眠画伪者十之八九，如此图《孝经》品格已高，书法亦妙绝，可称天下龙眠画第一，真万金之宝也。毕泷记。

后因毕沅滥用政府资产，毕家家产于1799年被充公。可能就是在这时《孝经图》为繁昌鲍氏所得，后转卖给洪莹。洪莹在其跋文（图2-7）中评论道，或许是冥冥中存在的某种力量，让《孝经图》一直在安徽境内流转长达两个世纪之久。

"岂非翰墨缘深冥冥者有默相呵护，使神物不离斯土耶？是卷图写《孝经》，先贤遗迹有关于名教甚大，不仅以笔墨之妙超前绝后为足重也。后之人所宜深思永念，以期慎守，勿失焉矣。"

1826年的端午节（农历五月初五），大儒钮树玉（1760—1827）与两位友人一起观看了《孝经图》（图2-15）。第二年的九月初十，钮树玉为《孝经图》题写引首（图3-3），就是今存的两段引首之一。第二段引首为著名书法家吴咨（1813—1858）所题（图3-4），吴咨还为《孝经图》题写过画签。

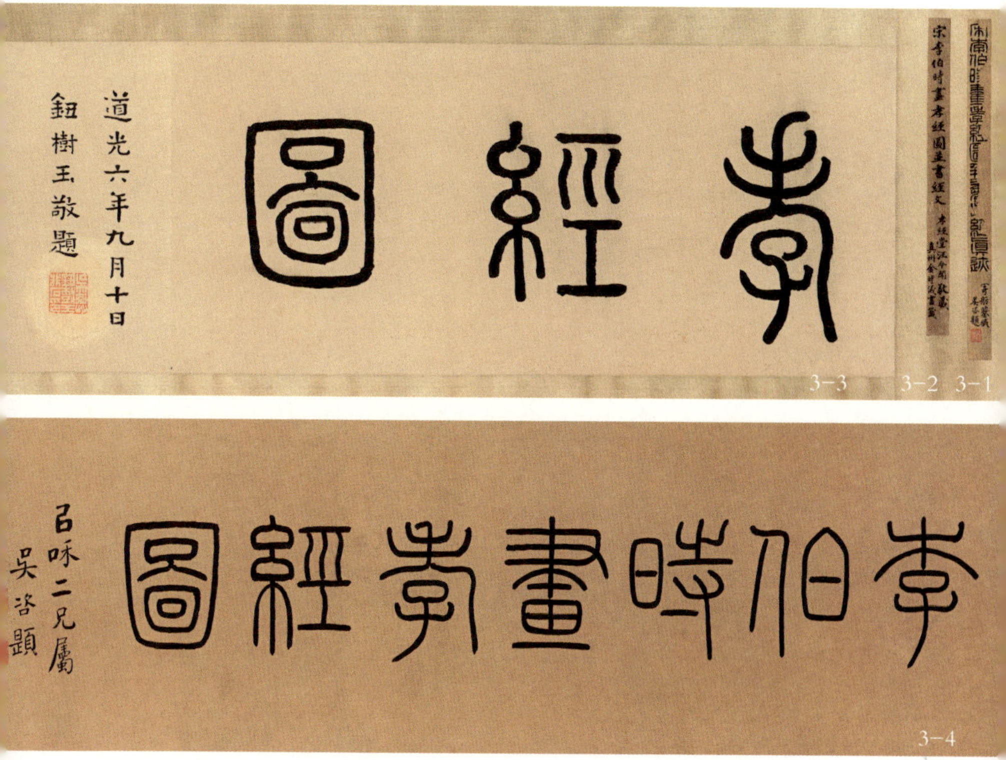

图3 李公麟《孝经图》的题签与引首

伟大的教育家与文学家姚鼐曾在生前感叹自己终其一生居住于李公麟出生地附近的龙眠山，但却从未得见李公麟的作品。在姚鼐过世（1815）12年后（1827），他的学生管同在《孝经图》后的题跋中记下，如今自己已拥有3幅李公麟的画作，平生心愿已足（图2-16）。

"李伯时《孝经图》,每章摘绘一二语,其灵幻奇妙,更出圣贤。追龚二图之上。至其书,则前人谓其'力追锺法',语不虚也。姚惜抱先生自言'家在龙眠,而生平未见伯时之画。'今均之数岁中而得,其可宝者三焉,其亦可以知足矣。道光七年夏五月上元管同跋。"

20年后,《孝经图》已流转至北京,为温氏家族所有。在画家兼鉴赏家吴重的介绍下,《孝经图》被另一位富有的画家陈式金发现。陈式金当时正在戴孝服丧,他遵循吴重的建议买下了《孝经图》,似乎不仅为了这件作品的艺术价值,也因为绘画的主题对他来说颇有意义。陈式金是一位大孝子,他很快着手将整卷《孝经图》勒石,通过拓本,《孝经图》得以更为广泛地流传。《孝经图》明显被陈式金努力守护了起来,他很少让人看到此卷。在1857年撰写的长跋中,陈式金再次讲述了《孝经图》的传奇故事,并强调了《孝经图》中所蕴藏的不朽之精神(图2-20)。如其他收藏者一样,陈式金也将《孝经图》视作为一件圣物:

"宋、元真迹存世甚稀,余搜罗年久,仅得数种。丁未(1847)春吴君子重由都门温氏见李龙眠画《孝经图》,并书经文真迹,寄书叹赏君之审鉴,余素服膺为购归。卷长丈余,绢本,一章一图。

人物古穆，笔意清劲，寓刚于柔，真士夫功力深沉之作。楷书用笔，墨甚浓，笔致淳朴，敛锋藏锷，有锺太傅意。惜'开宗明义章'图文全缺。'天子章''庶人章'图画亦缺，其余损处虽多，均无碍画位。名跋林立，信其为世宝贵久矣。当邮寄归至吴门转航时，卷为舟子坠水中，借封缄固密，水未着卷，神物信有鬼神呵护，然危亦甚矣。余有感于此，遂属张子萃山刻之，冀传亿万化身，庶贞石之寿可历世而不坏也。惟绢本流传八百余年，其色黝黑，影钩非易，幸吴君相助精摹，得可刻者十二章至纪孝行章，经文已镌《戏鸿堂》，兹不重刻。其他字画有磨灭者，集卷中字补足之，于是龙眠之精神，墨妙常新千古，而其发明圣经、扶世翼教之心，尤足以昭示来哲，岂独为艺林规范已也。丁巳（1857）夏日陈式金识。"

陈式金死后，《孝经图》在1847—1878年间可能为其子陈少和所有，并很少为人所见，也无跋文存世。但《孝经图》的拓本却得以广泛流传，现在卷后有三段跋文都是在鉴赏《孝经图》拓本时留下的。这些人可能是通过吴重见到《孝经图》拓片的，其中包括：杰出的文人、诗人、重臣祁寯藻（1793—1866，图2-19）；亡于太平天国兵乱中的著名画家戴熙（1801—1860，图2-18）；僧人释祖观（图2-17）。祁寯藻是一位严厉的大儒，一生中曾侍奉过四位皇帝，他在题跋中特别强调了李公麟的儒家思想本质，如他诗中所说：

"空相何如实境摹？万缘扫尽见真儒。山庄义训家风在，此是骊龙颔下珠。"①

戴熙的跋文记载了《孝经图》的名声与李公麟的书法对18世纪书法名家刘墉（1719—1804）的影响。这段跋文起初并非附于《孝经图》原作卷后，而是戴熙在吴冠英处见到的《孝经图》拓本后所写的：

"龙眠山人《孝经图》暨小楷书《孝经》，思翁（董其昌）最为倾倒，书刻入《戏鸿堂》首卷。曾拟窥其梗概，图则不识藏弆何氏矣？昨晤许中丞讯日谈及此图，极言画法之高古，书法之潇洒。云：'国朝刘文清（刘墉）书全效之，渴欲一睹不得也。'咸丰丁巳（1857）闰五月江阴吴冠英先生来杭，携陈先生寄舫书来，并石刻《孝经图》《孝经》拓本一通见赠，瞥睹神物且惊且喜，信乎讯翁之言不虚也。"

1878年，《孝经图》自陈式金之子陈少和处，通过陈式

---

① 本诗中"山庄"指李公麟名下的另一幅作品《龙眠山庄图》；"骊龙颔下珠"代指无法得到的珍宝

金的另一位亲戚陈熙治之手，最终归于平梁新吾。陈熙治的跋文中记载了《孝经图》流转的过程，并称"翰墨缘深，神物不离斯土（指安徽地区）"（图2-22）之后的一段跋文写于两三年后的1880年，为李鸿章所题（图2-21）。李鸿章在跋文中警告了一些质疑《孝经图》真伪的观点，并最终回到题跋一以贯之的主题，即《孝经图》的说教性：

"古人作画，意主劝惩，用意用笔，无一苟且，非若近时艺苑徒供耳目清玩已也。是卷笔墨之妙固不待言，倘能朝夕展玩，以窥其意旨之所在，庶于立身事亲之道不无小补云。"

《孝经图》的最后还有潘欲仁、夏励邦与张预以及鉴赏家、收藏家杨岘于1880年留下的简略的题跋（图2-25）。《孝经图》之后为王季迁所藏，他也于卷尾留下了最后一句简单的记录。

附录二　《孝经图》的修复与装裱

桑德拉·卡思提尔、大羽武满彻
（Sondra Castile and Takemitsu Oba）

修复一件艺术品的时机对艺术品的保存是至关重要的。亚洲的绘画和书法作品需要在颜料、载体和装裱材料之间保持一种微妙的平衡——这三者都是薄薄的一层，并以各种方式附加在另一层上。当材料本身变得不稳定或相互之间的平衡被打破后，作品就会遭到破坏。或许这是不可避免的，即艺术品的品质总会随着时间逐渐退化，这种退化可能因装裱技术的不足而加速，或是修复材料的品质、选择与使用不当而导致；抑或得归咎于储存条件和操作方法的缺陷。不管是什么原因导致的，修复师总希望有机会能在进一步损坏发生前叫停这一进程，尽管亚洲的绘画及其装裱单独来看都很脆弱，但当画作被裱好之后，往往便可以长久地保存下来。

李公麟的《孝经图》手卷在日本京都冈墨光堂文物保护中心进行修复，于1978年修复完成。冈墨光堂完成过许多国宝的和作为重要文化遗产的绘画作品的修复工作，也重新装裱过世界各地收藏的诸多名作，一直以能修复损毁情况相当严重的画作而闻名，因此冈岩太郎（Iwataro Oka）及其工作室的工作人员承担起了这轴手卷的修复工作。在修复工作开始时，《孝经图》被借至普林斯顿大学，普林斯顿大学艺术与考古学系的岛田秀次郎教授（Shujiro Shimada）在修复工作之前和过程中，都曾与冈岩太郎先生广泛地交流过意见。

手卷的易碎性和各种明显损伤的存在需要引起重视。在较少的开合和最佳的存储条件下，有类似问题的卷轴作品可能依然能保存相当长的一段时间，不会有进一步明显的破坏。但鉴于以研究为目的的频繁开合移动和公众展览的需要，《孝经图》急需重新装裱。初步检验进一步证实了这一判断，检验结果显示，直接裱于画心下的托心材料是绢而不是纸。

虽然在中国，绢作为第一层托裱材料有着极长的使用历史，但据经验来看，绢的使用会导致一种特殊的破坏。而如果这种破坏继续，缺失的部分又没有被修复的话，第二层的装裱绢便会立即覆盖所有的破洞。但这并不构成所谓的填充，因为存在破损的地方是一层绢，不存在损失的地方则有两层绢。而绢面的这种不平衡分布并不能在随后的装裱过程中被完全弥补。

李公麟的《孝经图》除了用绢托裱外，还用绢做过修复。托心绢成了画作背面的第二层支撑材料。当手卷被卷起和展开时，两层绢互相磨损，破洞边缘多出来的线头会使这种破损扩大。在装裱完成前,新的破损还会导致出现细节处缺线的情况。一般来说,绢质托裱总是缺乏如纸张托裱一般的长期弹性和附着力,在手卷中尤其如此。

12世纪的画家和书法家米芾是一个颇有造诣的装裱专家,他就曾告诫人们不要用绢做托裱。米芾还特别提醒过用绢补缀的方法可能会造成的一些损害。这一观察在今天仍然有效,但米芾所述的装裱方法即使到今天也没有被完全抛弃。出于各种原因,许多装裱者依然使用绢来修复或托裱画作,这已导致了诸多肉眼可见的破坏。

《孝经图》的修复和重新装裱工作首先要从针对画心和题跋的各个部分的深入分析开始,包括画面颜料的情况、画心的绢与纸,以及画作的整套装裱。整套装裱又包括裱背、绫绢、画轴、画带以及一系列将画作裱为手卷的部件。分析的结果和对结果的解释是最终确定合适的修复程序的基础。一般来说,有三个基本问题必须考虑:(1)绢面缺失的部分如何处理,是否有合适的绢来补缀?(2)什么材料可以成为新的托心?(3)目前的装裱是否需要修补以重新使用,还是需要完全更换?如果这些问题没有答案,就不能开始重裱工作,必须要事先准备好装裱的材料,并确定它们的使用方法。因为装裱保证了整个手卷的稳定性,若非能确保重裱的所有阶段都能稳步进行,那么修复员就不应该拆除原装裱,也几乎不可能进行任何实验。

画心与题跋

绢会随着时间变薄，有证据表明，托裱绢也会如此。《孝经图》画心的许多经线都断了，只有纬线被保留下来。经线断裂使得许多分散的绢块只是依靠松散的绢丝串联在一起。上一次装裱前画作就已有许多损伤，画心多处已与托裱层分离，可能随时进一步受损。这种情况在很大程度上是绢质的负面影响导致的。

托裱绢比画心更厚，编织也更为粗糙。所以虽然因为浆糊的黏性减弱了，现在托裱绢黏附得并不均匀，但绢本身仍然是相当结实没有被破坏的。

在前代，画心顶部和底部边缘有磨损或破坏处已经补缀修整。补缀也是用绢完成的，并应用了多样的技巧。虽然这次修复可能是在一次重新装裱的过程中完成的，但很明显，这项工作并不只是由一个人完成的。补缀被应用在画面缺失的部分，沿缺失处做了直线切割，破损的边缘处首先被修剪成直边，这样就没了线头，补缀后再用绢托裱画心。仅有两三根线（通常是经线）缺失的非常细小得破损区域没有被填补。修复这些非常小的损伤是很困难的，以前的装裱者可能是因为缺乏技术才没有解决这一问题。

画面表面的墨色和微红色颜料总体是稳定，也并没有使用碧绿或孔雀石绿一类会损伤到绢面的颜色。之前出现过的红色颜料稍有出血的现象需要注意。

在规划修复工作时，还有几个问题需要处理：

● 在移除装裱时，许多细小的、孤立的绢块和经线被磨损只留纬线的区域如何保存？

● 是否应该保留一些之前补缀的部分？

● 画面有缺失的部分应如何填补，当缺绢或绢线磨损时应该做怎样的修复？修复应该做到何种程度既可以避免进一步损失，也不会显得突兀？

● 什么绢适合用来做修补？

使用深色的托裱绢可使修复区域不那么显眼，但同时也会让画面线条变得不太明显甚至难以辨认。托裱材料的颜色对实现视觉平衡并呈现原作精微的线条轮廓至关重要。修复将填补画面本身缺失的区域，也将按照修复者所想象的原作面貌呈现出来。一些墨线在修复时被延长了，还会填充各种细节。之前的修复者可能想通过这种方法避免分散视觉焦点，但这些修复明显不是出自李公麟之手。虽然补绘得很好，却也仍包含一些错误，最明显的是在手卷的开头，一个人物长了三条腿（图1）。

1-1 待修复的长三条腿的人　　　　1-2 局部图像修复后

图1 《孝经图》局部修复前后

　　必须要决定是否再利用现有的装裱材料，即装裱的绫绢和其他不直接接触画心或题跋的部分。使用新的装裱材料无疑更为容易。(抛弃原装裱的做法过去很流行，现在仍然很普遍，比如中国绘画中接缝处的印章经常丢失，就可以证明这一点。)所用的装裱材料必须符合艺术品所要求的品质。如果目前达不到的话，就需要确定是否要改进现有的装裱材料。装裱材料的色彩和图案需得配合画面，也应考虑到相关的历史和主题。装裱不仅在手卷各部分之间建立了一种整体的平衡，而且也应有助于保存手卷——换句话说，装裱的边缘必须足够宽，卷轴的部分必须足够长才能防止损坏画心。

经审慎决定后，本次修复将依如下步骤进行：题签和画心部分以及第一段董其昌的题跋将组成一轴。因为这部分题跋本身由托心纸与画心相连并有骑缝章，不能被割开与其他的题跋相连。剩下的题跋将被裱为第二轴。所有之前的补缀都将被移除并保存下来，并贴于一件手绘摹本的原处。贴在装裱外的明代题签将被取下，重贴于卷轴内前代题签的旁边。一处带有印章的原补缀会保留在画面现在的位置上，因为这里所体现出的补绘水平很高，可以作为之前修复的记录而保留。

修复流程

在开始处理之前，必须保证画面上的颜料与墨迹是稳定的。如果不稳定的话，通常会用带动物胶的稀溶液分别涂在每个着色区域。这一过程可能需要重复许多次，直到变质的黏合剂被替换掉，画面颜料再次牢固地粘在一起。在李公麟的《孝经图》中，只有红色的颜料可能不太稳定，因为有一处已经出血。由于绢面非常的薄且易损伤，这里是用1.5%的兔皮胶溶液做的处理。这也有助于增强绢面的活性，使之更为结实。

我们首先拆除了画轴。把附在画轴上的纸或绢稍微打湿，当粘贴处全部松弛时，画轴就从手卷上分离下来了。

将一张垫纸打湿并刷平于工作台上，再将手卷朝下放于垫纸上。随后用刷子将其均匀地浸湿刷平。当水渗入并软化了装裱层之间的浆糊时，每一层托裱都将被剥离，直到连接手卷不同部分的托心层显出。然后沿重叠部分的边缘抬高，这样部分就被分离出来了，之后再逐一测量各部分。

由于绢极度脆弱，再加上损失与撕裂，紧靠画作的托心并没有在此时被移除。

移除托心

将一层垫纸浸湿并刷平于拷贝台上，四边都要超出原画约 2.54 厘米的长度。用喷雾将绢完全浸湿。几分钟后，水分被吸收，画心便呈起伏不平的状态铺平于拷贝台上了。将画心从两端慢慢提起以去除未贴平的部分，这样垫纸中有 30.48 厘米长，外加 2.54 厘米重叠的区域就完全贴附于画心之上了。绢中的湿气可使绢与纸均匀而平滑地紧贴在一起。用软毛刷刷平后，所有折痕和气泡都会被去掉。

将画心面朝下翻过来，并铺平。在透射光的帮助下，将托心绢慢慢移除。在绢面受潮的过程中，黏在托心绢上的浆糊会逐渐吸收水分并软化。当黏合减弱时，托心绢也就脱下来了。在一些较难去除的地方，比如之前的补缀处或绢块非常脆弱的地方，可用铅笔大小的刷子将两层分开。这就分离了托心层和前代补缀的部分，而分离下的补缀碎片仍然会贴在下面的垫纸上。在使用这种方法时，一旦开始分离托心，整个修复过程就必须继续，需要保证完全一致的环境，直到裱好新的托心。因为这一过程不可能在一天内完成，作品需要保存在阴冷潮湿的环境中一整夜，直到装裱被完全移除。

　　《孝经图》原作（图2）的补缀处均被拆除，并转移到一件摹本（图3）上。在这一过程中，移位的绢丝会被重新排列。画面中本就不连贯的线条或者在移除装裱的过程中有轻微的移动的地方都在此时被恢复到了合适的位置。由单根绢丝松散连接着的绢块都被沿经纬方向拉直。当托心裱好后，

图2　《孝经》第十三章　补缀前　可见前代补缀的痕迹

图3　《孝经》第十三章　于摹本上展现补缀处

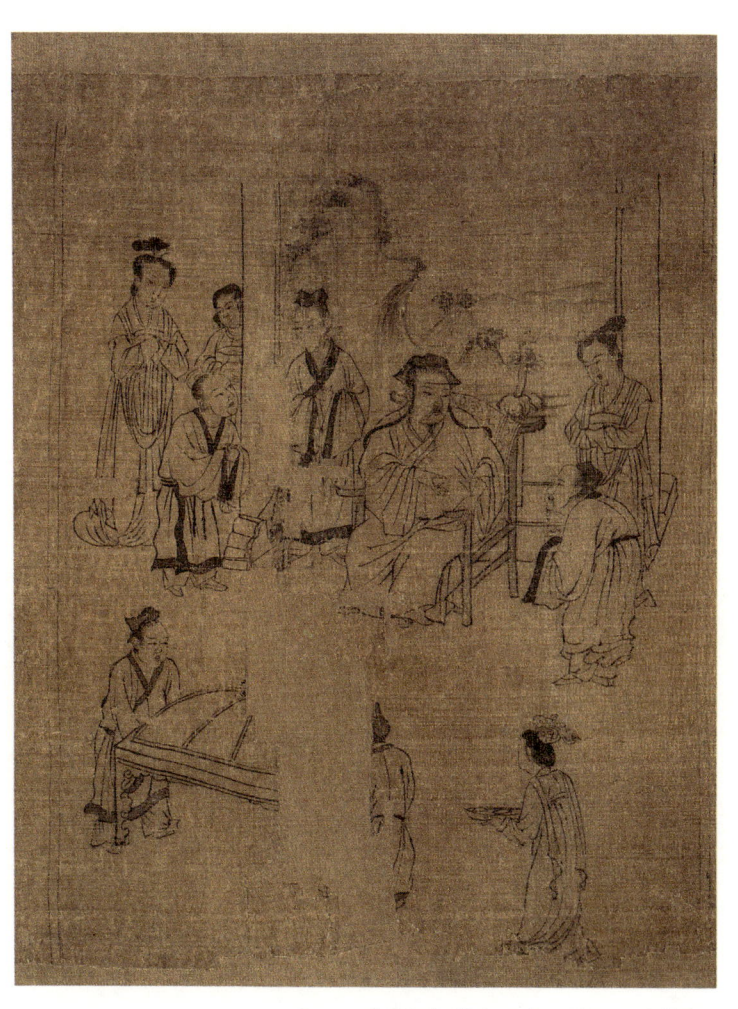

图 4 《孝经》第十三章 补缀后的情况

这种调整就不可能进行了。图4显示了画面的同一局部修复完成后的情况。

托心纸染色

研究人员决定将托心纸染成与绢面相似的浅色，这样可以产生一种理想的效果，既能构建色调的整体平衡，又能保留线条清晰的轮廓。纸张是用桤木球果（Alnus firma）的提取物染色的，并使用了木灰碱液作为媒染剂，对纸张进行了最后一次冲洗。

制浆糊

今天使用的浆糊，基本上与已知的最早的装裱所用的浆糊相同。如果使用得当的话，这种材料可以保证即使过了数百年，作品的装裱过程也完全是可逆的。

在准备用于装裱的浆糊时必须十分小心。浆糊要做得相当稠，因为它将在之后的装裱过程中被稀释。首先，将已去除大部分面筋的小麦淀粉与水混合并加热搅拌。在这一过程中，温度很高，液体会沸腾起来。由于环境湿度和淀粉用量的不同，制造一种黏稠的浆糊所需的水量是不同的，时间也会有长有短。通常情况下，一小时内就能做好。制作者必须始终保持警觉，并不断搅拌浆糊，才能保证制作成功。"好"的浆糊与"坏"的浆糊可能看起来完全一样，但后者并没有好的黏合力。

装裱卷轴时需要保证灵活性，过硬的黏合并不理想。小麦淀粉可以产生一种弱黏性。黏合剂的相对强度可以通过将浆糊稀释到不同的浓度来控制。在古画和书法的装裱中，较弱的黏合性往往更好。由于这个原因，在旧的装裱上使用的大部分浆糊已经放置了6年到10年。这种浆糊的制作方法与普通浆糊相同，需储存于阴凉且温差小的地方。在这段时间内，各种细菌会使浆糊变得更柔韧更黏稠。经过过滤稀释后，最后使用的浆糊应呈微微乳白色的水状。

画心托裱

当绢面依然潮湿且绢丝对齐完成时，就应开始托裱画心。浆糊被稀释到可以从刷子上流下来的浓度。托心时先将浆糊刷在托心纸光滑的一面，然后直接贴到画面的背面。最后一层褙纸则用粗糙的一面贴合，这样便可以使褙纸光滑的一面朝外。将浆糊大量平刷于托心纸上直至覆盖整个纸面，然后抹掉多出来的部分。几分钟后，当随水分的蒸发使浆糊变得更黏时，开始用刷子将托心纸完全刷平于绢面上。施行这一流程的时机非常重要，绢面或托心纸上的水分过多或过少都会导致贴合力差或贴合不均匀的情况发生。此处的失误可能不会立即导致明显的后果，但可能会造成托裱层在之后过早地分层。

图 5 《孝经图》第三章 补绘前

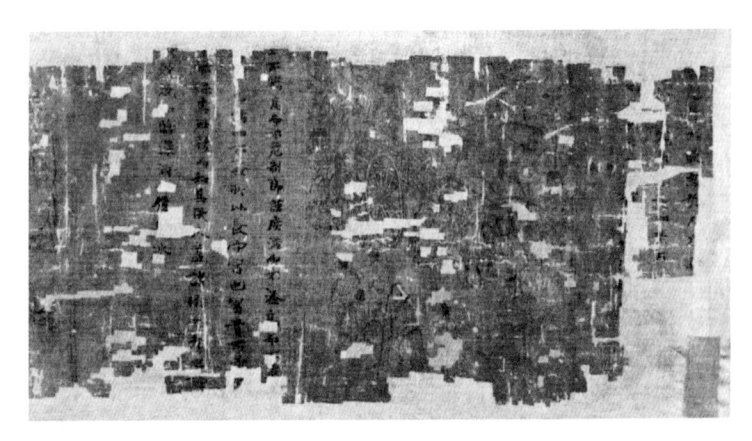

图 6 《孝经图》第三章 补绘后

随后将反扣的画面自案上抬起翻转，使其正面朝上。将垫纸层取掉后，把作品放在一张细细的毛毡上，直至完全晾干。以同样的方法去除掉书法和题跋部分的托裱。透射光可用于探测画面特别薄的区域，必要时，可以去掉几层以使作品薄厚均匀。一些必要的修复已在托心前用纸完成。

卷轴其他部分的托裱也需要逐一揭去。在托心前，画面的经纬线都要调直并加以修复。图5、图6所示的就是卷轴在补绘前及修复并托裱后的情况。

晾干

不同层的装裱及画心晾干的时间，以及装裱完成后整体晾干的时间对于实现装裱材料间的平衡至关重要。晾干可以被视作是一段调整适应的时间，在这一过程中，新的与旧的绫绢、纸张和浆糊就统一裱为了一个整体。

当上述各种装裱材料的编织方法、丝线的厚度、用途各不相同时，必须通过选择托裱、黏合与刷平技术让材料得以被完全抚平后，才能并置一处，被裱为一个卷轴。虽然这对新作品和新的装裱材料来说很容易，但对于前代作品中那些古老的且使用已久的装裱材料来说，问题则会更加复杂。因为材料损伤后，各处的牢固程度不一，遇水之后的反应也会有所不同。

　　装裱过程中最关键的一点就是控制材料有可能会出现的变形。通过掌握装裱过程中材料的极限以及把握湿度，控制变形是可以实现的。使用尽可能少的水分可以使织物拉伸和收缩的趋势最小化。也可以通过这种方法控制或最小化织物的变形程度。基于对材料变形程度的了解，每一层装裱材料都应以裱后效果为目标打湿到所需要的程度。选择沿经线或纬线刷平，或者两个方向同时刷或者不刷的装裱方法也是十分重要的。局部过于潮湿会使绢面膨胀，导致晾干时过度收缩，变得不平整，通过不断地追求平衡，最终可以实现全然的平整效果。但在画面的各部分被拼接起来之后，就不能再进行这种调整了。

　　作品是沿托心纸超出画心的四边被贴到案面上。

补缀

　　托心完成后，绢面补缀才可以开始。用于补缀的绢在经线的数量上与画心用绢不同，但在编织方法和重量上是相似。用松果球提取物和墨块研磨出的墨汁混合并染色，稍微加深绢面现有的色调。加深后的颜色更接近画面，也更容易达到补绘时所需的最终色调。

染色、晾干并洗掉用于修补的丝绢上的染料残渣后，将绢丝对齐，再用非常稀的浆糊涂上薄薄的一层。画面朝上时，托心纸的边缘超出画心的部分会被粘贴到拷贝台上。画绢被稍微浸湿再晾干后就彻底平整了。通过透射光，绢面缺损的形状清晰可见。将用于补缀的绢面朝下，与画心绢的经纬线对齐。

用铅笔在用于补缀的绢面上分别描出缺损处的轮廓，然后用刀片将绢块裁下，再将经线和纬线一一剪断，使补缀的边缘与画面缺损处的边缘完美衔接于一处。再将浆糊涂在补缀绢上，将其牢固地固定在破洞下的托心纸上。用小笔刷蘸水打湿会使补缀绢背后的托纸褪下，然后将托纸揭下，就只留下了补缀绢修补在了合适的位置上。

拼接与加固

自案面上移下卷轴所有部分。需要拼接处的边缘是方形的。将折条，即用很薄的纸做成的窄条，染成与托心纸一样的颜色，贴于第一层托心纸上以减轻画面中的折痕痕迹。折条必须提供支撑的力量，又不能使画面变硬或从正面被看出来。

如果折条太厚、太宽或放置不当，就会产生进一步的折痕。画面表面的颜料也会受损。将手卷轻轻卷起，再用拇指和食指稍加按压，画面受损的地方就会显露出轻微的凸起或凹陷。然后用细铅笔在托心纸上标出这个折痕的起始长度。在透射光下，也可找到其他受损之处。折条被粘贴到卷轴上之后，再对整个卷轴进行检查，并根据需要加入更多的折条。

第二层托裱

当托裱画心时，于不同的地方使用了不同厚度的纸张来解决画面平衡的问题，在选择第二层托裱纸张的厚度时，也将继续追求这种平衡感。在画面不那么结实的地方，就要用较硬的纸。这样，作品厚度上的差异就逐渐被拉平了。这层托裱使用的是一种含少量黏土的软性纸张。

最后一层托裱

因为画面装裱被折叠的上下边缘已有磨损，一层折叠的纸将被用于加固卷轴的边缘（镶局条），也为手卷增加了一层几乎不可见的边缘。最后一层托裱纸紧贴着手卷光滑的背面。随后卷轴被放回到案面上，待完全平整后，补绘工作便要开始了。

补全颜色

用于补缀的绢已经提前少量染色了,但使用的色调仍有意比最终效果所需要的更轻。因为绢面会随着时间的推移而变暗,补绘时必须考虑到这一点,要保证即使在多年后,补绘区域的颜色也不应该变得比周围的颜色更深[①]。在李公麟《孝经图》上应用的补绘原则是使修复不再引人注目的同时,尽可能地确保修复过的部分在以后也不会明显变暗。另外,基于不应试图修复原始作品,而应尽可能将作品长时间地保留在最佳状态的修复理念,这里也不会补绘线条及画面的其他缺失的部分。

穿绳

三段手卷都需要穿绳。因为没有足够的同样图案的旧画绳,便依另一卷宋画的画绳图案为《孝经图》编了新的画绳。画绳的图案已为冈岩工作室的织工准备好,纺织的线程数也已提前算好,图案也需在方格纸上逐线绘好。丝线的染色工作同样也是在工作室里完成。画绳以特殊的技术编成,所用的织物一面呈白色图案米色底色,另一面则是米色图案白色

---

① 原注:在许多被修复和重新装裱的亚洲绘画作品中,可以看到由于最初将补绘的颜色与周围颜色完全匹配而产生的不良影响。曾经与周围颜料颜色非常接近的修复部分现在变得突兀了,并在画上呈现出较暗的补丁

底色。

装盒

专门为李公麟的《孝经图》制作了三个桐木画盒。用于放置画卷和题跋的画盒相较用于保存带补缀绢块的摹本的画盒，在风格上要更为正式一些。另有一个深柿色的桐木漆箱用来装这三个画盒。

漆箱和三个大尺寸的卷轴画盒都至为精美，是由京都的前田雄哉（Yusai Maeda）所制，他的家族在手工艺领域久负盛名。用涂有柿子皮多酚物质的纸做成纸壳，来保护漆箱不受刮伤或染色。一根绿色的编织绳穿过箱底的凹槽，绑在纸壳之上。

李公麟《孝经图》的修复与重裱工作花费了几年时间。如补缀与补全颜色等一些工序尤其耗时，不同阶段的晾干也用了大量的时间。现在修复与补的工作都完成了，应该可以延长作品数百年的生命。

译后记

　　本书英文原著出版于1993年，如书中前言所述，出版的契机是唐氏家族将久负盛名的《孝经图》捐赠给美国大都会博物馆。唐氏家族源出望族毗陵唐氏，清末以经营纺织业起家。主导这次捐赠的是大都会博物馆的首位华裔理事唐骝千。另一件同样由唐骝千捐赠给大都会博物馆的知名藏品是传为董源的《溪岸图》，该图同样由唐骝千从王季迁处购得。关于《溪岸图》的真伪问题在上世纪末还曾引发过一场备受关注的争论，当时美国最具影响力的中国绘画史学者几乎都参与了这场论战，其中一方观点认为《溪岸图》至少为五代至北宋时期的古画（包括本书的作者之一班宗华也曾撰文力证这一观点[1]）；另一方则认为《溪岸图》是一张现代伪作，甚至将作伪者直指《溪岸图》的上任收藏者张大千[2]。

---

[1] Richard Barnhart, *Along the Board of Heaven: Sung and Yuan Paintings from the C.C. Wang Family Collection*, New York, 1983, pp. 30-37

[2] 参见《解读〈溪岸图〉》，《朵云》，第五十八集，上海书画出版社，2003年

无独有偶，同样曾为王季迁旧藏，后为唐骝千购得，最终入藏大都会的《孝经图》未尝不存在类似的鉴定争议[1]。熟悉中国绘画史的朋友可能已经了解，越是年代久远的画作，面临的鉴定争议往往越大，甚至判定"真伪"的标准也会随时代变迁而发生变化，但这并不意味着任何一方围绕着作品展开过的细致观察与精彩论述将就此褪色。事实上，时至今日，本书仍然是关于大都会藏《孝经图》最为全面且深入的专著，也是了解李公麟，以及李公麟所代表的文人画艺术肇始时期的艺术形式与画家生态的最佳入门读物之一。

在中国绘画史中，李公麟无疑是拥有着特殊地位的画家，以任何时代的标准，他都是一名当之无愧的"文人"。但李公麟的传世作品却很难直接套用于后世形成的"文人画"概念。就现存世的传为李公麟的作品来看，无论是《五马图》、《临韦偃牧放图》还是本书主要的讨论对象《孝经图》，其中展现出的精妙再现的绘画技法与对叙事性的关注都是后世一般意义上的文人画所不具备的。李公麟身上的这一特殊性在西方的语境中又被进一步放大，对于英文版原著所面对的广大西方读者来说，不论是中国的文人群体，还是在文人群体中孕生出的"文人画"艺术都是相对陌生的概念。于是李

---

[1] 参见段莹：《"董跋本"李公麟〈孝经图〉考辨——兼〈孝经图〉的别本及相关问题》，《故宫博物院院刊》2018年第4期，第73—91页

公麟便成为了一个极复杂的个案，同时也是一个极好的窗口，通过对李公麟及其作品的解读，将打开关于中国文人画艺术生动而精彩的世界。

本书收录了两名学者的相关论文与一篇修复报告，可以说集中代表了上世纪末美国学界对于李公麟艺术的研究水准。班宗华与韩文彬均师从已故的著名中国艺术史学者方闻，方闻的夫人唐志明女士同样出身于唐氏家族。［书中所收录的关于李公麟与《孝经图》的文章都基于两人先后在美国普林斯顿大学完成的博士毕业论文：班宗华于1967年完成的博士论文《李公麟的〈孝经图〉：图解〈孝经〉》（Li Kung-lin's Hsiao Ching T'u, Illustrations of the Classic of Filial Piety）[①]，韩文彬于1989年完成的博士论文《文人的山水：李公麟的〈山庄图〉》(A Scholar's Landscape: Shan-Chuang T'u by Li Kung-lin)[②]，相关著作《中国11世纪的绘画与私人生活：李公麟〈山庄图〉》(Painting and Private Life in Eleventh-Century China, Mountain Villa by Li Gonglin) 已于1998年出

[①] Richard Barnhart, *Li Kung-lin's Hsiao Ching T'u, Illustrations of the Classic of Filial Piety*, Princeton University, 1967

[②] Robert E. Harrist, *A scholar's landscape: Shan-chuang t'u by Li Kung-lin*, Princeton University, 1989

版[①]。]

附录中的《〈孝经图〉的修复与装裱》一文详细记述了《孝经图》修复装裱的全过程,感兴趣的读者也可以从此文出发,比对日本与中国书画修复装裱技术的异同。《孝经图》的修复装裱工作由日本装裱百年名店冈墨光堂完成。冈墨光堂开业于1894年,当家人"冈岩太郎"的称号带有家族徽号的性质,为历代当家人所继承。冈墨光堂对《孝经图》的修复工作完成于1978年,是时当家人尚为第二任"冈岩太郎",如今冈墨光堂已变更为有限公司,袭名者已是第四代"冈岩太郎"。

同样的时代感还体现于李公麟名下的另一件存世名作《五马图》。《五马图》本为清宫收藏,民国年间流入日本后销声匿迹,一度被认为已毁于战火。在本书英文版成书之时,《五马图》下落依然成谜,班宗华在书中的相关讨论所依据的也只是照片与民国时期留下的珂罗版印刷本。2019年1月至2019年2月,在日本东京国立博物馆举办的特展中,失踪百年的《五马图》惊世重现。2023年11月,就在这篇译后记写作之时,日本根津美术馆举办的展览中借展了大都会博物馆藏的《孝经图》,跨越千年的光阴,《五马图》与《孝经图》竟历史性地重聚一堂。

---

① Robert E. Harrist, *Painting and Private Life in Eleventh-Century China, Mountain Villa by Li Gonglin*, Princeton University Press, 1998

在追随着本书中精彩的叙述细读《孝经图》时，不知有多少读者意识到，李公麟已是千年前的古人，《孝经图》流散海外已有百年时光，本书的英文原著也已是一本 30 多年前的旧著。即便画中描绘的不少典范在今天已逐渐失去了适用意义，但作品长久地存留了下来，每当开卷，仍将不断生成新的体验。

2023 年冬

译者于北京